FORSCHUNGSBERICHT DES LANDES NORDRHEIN-WESTFALEN

Nr. 3095 / Fachgruppe Physik/Chemie/Biologie

Herausgegeben vom Minister für Wissenschaft und Forschung

Prof. Dr. rer. nat. Hermann Stetter
Dr. rer. nat. Paul Mayska
Dr. rer. nat. Ulrich Wießner
Institut für Organische Chemie
der Rhein.-Westf. Techn. Hochschule Aachen

Neue Synthesen und Reaktionen
in der Adamantan-Reihe

Westdeutscher Verlag 1982

CIP-Kurztitelaufnahme der Deutschen Bibliothek

Stetter, Hermann:
Neue Synthesen und Reaktionen in der Adamantan-Reihe / Hermann Stetter ; Paul Mayska ; Ulrich Wiessner. - Opladen : Westdeutscher Verlag, 1982.
  (Forschungsberichte des Landes Nordrhein-Westfalen ; Nr. 3095 : Fachgruppe Physik, Chemie, Biologie)

NE: Mayska, Paul:; Wiessner, Ulrich:; Nordrhein-Westfalen: Forschungsberichte des Landes ...

© 1982 by Westdeutscher Verlag GmbH, Opladen
Herstellung: Westdeutscher Verlag

ISBN 978-3-531-03095-1   ISBN 978-3-322-87534-1 (eBook)
DOI 10.1007/978-3-322-87534-1

Inhalt

Einführung	1
A. Über metallorganische Reaktionen mit 1-Bromadamantan	2
Experimenteller Teil	6
I. Substitutionsreaktionen am Adamantan	7
1. Substitionsreaktionen am Adamantan mit aromatischen Grignard-Verbindungen	7
2. Substitutionsreaktionen am Adamantan mit Phenylacetylenmagnesiumbromid und Phenyllithium	18
B. Über 1-Adamantylrest enthaltende Schutzgruppen in der Synthese von Aminosäuren	22
Experimenteller Teil	26
II. Stabilität der N-(1-Adamantyl)amide sowie (1-Adamantyl)acetat und -thiolacetat bei der Behandlung mit konz. Salz- und Bromwasserstoffsäure	26
1. Allgemeine Arbeitsvorschrift	26
2. Untersuchung der Stabilität der N-(1-Adamantyl)-amide	27
3. Untersuchungen der Stabilität des 1-Adamantylthiolacetats und 1-Adamantylacetats	30
4. Empfindlichkeit der N-(1-Adamantylsulfinyl)amide gegen die Einwirkung von Säuren und Basen	31
III. Anwendung der (1-Adamantyl)-Gruppe als Schutzgruppe für die Mercaptofunktion im Cystein	34
1. Allgemeine Arbeitsvorschrift zur Addition von 1-Mercaptoadamantan an Dehydroaminosäuren	34
2. Herstellung von N-Acetyl-S-(1-adamantyl)cystein (<u>3</u>)	34
3. Herstellung von Peptidbindung	38
4. Abspaltung der S-(1-Adamantyl)-Gruppe vom S-(1-Adamantyl)cystein-System	50

IV. Anwendungen der (1-Adamantylsulfinyl)-Gruppe
    als Schutzgruppe für die Aminofunktion im
    Glycin   62

    1. Darstellung von N-(1-Adamantylsulfinyl)glycin-
       alkylester   62

    2. Herstellung von N-(1-Adamantylsulfinyl)glycin 23   65

    3. Herstellung der Peptidbindung   66

    4. Abspaltung der (1-Adamantylsulfinyl)-Gruppe . . .   71

V. Andere "adamantanhaltige" Schutzgruppen   73

    1. Adamantyl-(1)-oxycarbonyl   73

    2. (1-Adamantylmercapto)-Gruppe   75

    3. (1-Adamantylsulfinyl)-Gruppe   76

C. Über N-Adamantyl-Substituierte Heterocyclen   78

Experimenteller Teil   84

1. Darstellung von Essigsäureethylester-N-(1-adamantyl)-
   imid 1 85
2. Darstellung von 2-Chlorcarbonsäure-N-(1-adamantyl)-
   amiden 85
3. Darstellung von 2-Aminocarbonsäure-N-(1-adamantyl)-
   amiden 87
4. Allgemeine Vorschrift zur Darstellung von 2-Brom-
   carbonsäure-N-(1-adamantyl)-amiden 94
5. Darstellung von 1-(1-Adamantyl)-3.3-dimethyl-
   aziridinon 15   97
6. Darstellung von Zimtsäure-N-(1-adamantyl)-amid 16 . . 98
7. Darstellung von Methacrylsäure-N-(1-adamantyl)-
   amid 17   99
8. Reaktionen des 1-(1-Adamantyl)-3.3-dimethyl-
   aziridinon 15 100
9. Darstellung und Reaktionen von N.N'-Di-(1-adamantyl)-
   ethylendiamin 102
10. Darstellung von N-Acetyl-(1-adamantylamino)-acetal-
    dehyddiethylacetal 29 107
11. Darstellung und Reaktionen von N-(1-Adamantyl)-ethy-
    lendiamin 30 110
12. Darstellung und Reaktionen von N.N'-Di-(1-adaman-
    tyl)-propylen-1.3-diamin 35 114
13. Darstellung und Reaktionen von N-(1-Adamantyl)-
    propylen-1.3-diamin 39 116

Literaturverzeichnis 123

Einführung

Der Kohlenwasserstoff Adamantan der Summenformel $C_{10}H_{16}$ enthält als Kohlenstoffgerüst die kleinste Kohlenstoffeinheit, die man aus dem Diamantgitter herausschälen kann und bei der die Kohlenstoffatome in der für das Diamantgitter charakteristischen Lage fixiert sind. Der Kohlenwasserstoff ist frei von Spannung und bietet eine Fülle von interessanten physikalischen und chemischen Eigenschaften. Funktionelle Gruppen an diesem Ringsystem zeichnen sich in der Regel durch herabgesetzte Reaktionsfähigkeit aus. Der Grund hierfür ist einmal ein sterischer Effekt, bedingt durch die Raumerfüllung des Adamantyl-Restes, zum anderen aber auch die durch den großen hydrophoben Rest bedingte Störung der Solvatation.

In der vorliegenden Arbeit wurden im ersten Teil Umlagerungen untersucht, die bei der Umsetzung von Aryl-Gringnard-Verbindungen von 1-Brom-adamantan beobachtet wurden.

Im zweiten Teil wurde die Verwendung von 1-Adamantyl-Resten enthaltenden Schutzgruppen in der Synthese von Aminosäuren und Peptiden untersucht.

Im letzten Teil der Arbeit wurden Adamantyl-Reste enthaltende α-Aminosäuren und ihre Derivate hergestellt. Von besonderem Interesse waren hierbei die Herstellung und Untersuchungen von α-Lactamen.

A <u>Über Metallorganische Reaktionen mit 1-Bromadamantan</u>

In unserem Arbeitskreis wurde früher gefunden, daß bei
der Umsetzung von 2,6-Diethylphenylmagnesiumbromid mit
1-Bromadamantan, als einziges Substitutionsprodukt
1-(3,5-Diethylphenyl)adamantan gewonnen werden kann.

Als Grund für die Umlagerung waren Substituenteneinflüsse
verantwortlich gemacht.

In dieser Arbeit wurden die Einflüsse anderer Substituenten untersucht.

Die nachfolgende Tabelle gibt Auskunft darüber, wie stark
eine Grignard-Verbindung aufgrund sterischen und elektronischen Effekten der Substituenten zur Umlagerung neigt.

Tabelle 1

Grignardspezies R-C_6H_4-MgBr R=	Reaktionsprodukte
2,6-Dimethyl-	1-(2,6-Dimethylphenyl)adamantan (91,5%)
	1-(2,4-Dimethylphenyl)adamantan (4%)
	1-(3,5-Dimethylphenyl)adamantan (4,5%)

Tabelle 1 (Fortsetzung)

2,6-Diethyl-	1-(2,6-Diethylphenyl)adamantan (2,2%)
	1-(2,4-Diethylphenyl)adamantan (39,1%)
	1-(3,5-Diethylphenyl)adamantan (58,7%)
2-Methyl-	1-(2-Methylphenyl)adamantan (13,8%)
	1-(3-Methylphenyl)adamantan (27,6%)
	1-(4-Methylphenyl)adamantan (58,6%)
3-Methyl-	1-(3-Methylphenyl)adamantan
4-Methyl-	1-(4-Methylphenyl)adamantan
2-Ethyl-	1-(3-Ethylphenyl)adamantan (8,2%)
	1-(4-Ethylphenyl)adamantan (91,8%)
4-Ethyl-	1-(2-Ethylphenyl)adamantan (0,7%)
	1-(3-Ethylphenyl)adamantan (9,2%)
	1-(4-Ethylphenyl)adamantan (90,1%)
2-t-Butyl-	1-(2-t-Butylphenyl)adamantan (13,5%)
	1-(3-t-Butylphenyl)adamantan (12,9%)
	1-(4-t-Butylphenyl)adamantan (73,6%)
3-t-Butyl-	1-(2-t-Butylphenyl)adamantan (5%)
	1-(3-t-Butylphenyl)adamantan (95%)
4-t-Butyl-	1-(2-t-Butylphenyl)adamantan (1,8%)
	1-(3-t-Butylphenyl)adamantan (0,9%)
	1-(4-t-Butylphenyl)adamantan (97,3%)
2-Methoxy-	1-(2-Methoxyphenyl)adamantan (43%)
	1-(3-Methoxyphenyl)adamantan (0,6%)
	1-(4-Methoxyphenyl)adamantan (56,4%)

Tabelle 1 (Fortsetzung)

3-Methoxy-   1-(2-Methoxyphenyl)adamantan (23%)
                      1-(3-Methoxyphenyl)adamantan (45,8%)
                      1-(4-Methoxyphenyl)adamantan (30,4%)

4-Methoxy-   1-(2-Methoxyphenyl)adamantan (48%)
                      1-(4-Methoxyphenyl)adamantan (52%)

Über den Mechanismus dieser Reaktionen lassen die erhaltenen Ergebnisse keine eindeutige Schlußfolgerung zu, aber aufgrund der Ergebnisse ist zu sehen, daß es sich nicht um radikalische Reaktionen handelt, da überwiegend die Produkte gebildet werden, die aufgrund der elektronischen Einflüsse erwartet werden können.

Im zweiten Teil der vorliegenden Arbeit wurden Kupplungsreaktionen von zahlreichen metallorganischen Verbindungen mit 1-Bromadamantan untersucht. Natriumverbindungen reagieren dabei nicht. Bei lithiumorganischen Verbindungen konnte die Reaktion erst dann beobachtet werden, als alle (sterische und elektronische) Substituenteneinflüsse ausgeschaltet wurden. Die Trennung des 1-Phenyladamantans von den anderen Reaktionsprodukten erwies sich jedoch als schwierig. Und 1-Phenyladamantan konnte nur im GC-Spektrum nachgewiesen werden. Die Ausbeute war auch viel geringer als bei der Reaktion von 1-Bromadamantan mit Phenylmagnesiumbromid.

Von vielen zur Kupplung des Adamantanrings mit Alkinen versuchten Reaktionen, ist die Darstellung von 1,2(1-Adamantyl)phenylacetylen gelungen. Die Reaktivität der Grignard-Verbindungen wird auch durch den aromatischen Kern wesentlich erhöht.

Die Struktur des 1,2-(1-Adamantyl)-phenylacetylens wurde sowohl auf dem spektroskopischen als auch chemischen bewiesen. Es gelang die Hydrierung und die Hydratation dieser Verbindung.

Experimenteller Teil

Allgemeines

Die in dieser Arbeit angegebenen Schmelzpunkte wurden mit dem Apparat nach Dr. Tottoli der Firma Büchi bestimmt. Sie sind - wie auch Siedepunkt- und Druckangaben - nicht korrigiert.
Die IR-Aufnahmen wurden mit einem Leitz Gitterspektrographen III G angefertigt.
Die NMR-Spektren wurden mit dem Protonenresonanzspektrometer Varian A-60 aufgenommen. Dabei diente TMS als innerer Standart.
Für die Aufnahme der Massenspektren wurde das Gerät Varian-MAT CH 7 verwendet.
Für alle GC-Spektren wurden die Proben in Chloroform gelöst. Die Trennung erfolgte auf der 3%-en Trennsäule SE-30. Die Säulenlänge betrug 2m, der Querschnitt 2 mm. Die Säulentemperatur wurde in den Grenzen von 180°C bis 200°C und die Einspritztemperatur bei 250°C gehalten.
Der Druck des Trägergases 0,8-1,0 atü. Die Auswertung der GC-Spektren geschah durch Zugabe von identifizierten sauberen Substanzen zur Probe und nicht durch Retentionszeiten.

Zu Chemikalien und Lösungsmitteln.

Das verwendete Ethanol wurde nach der Phthalestermethode über Natriumethylat getrocknet.
Diethylether und Tetrahydrofuran wurde über Lithiumalanat getrocknet und die als Lösungsmittel eingesetzten Kohlenwasserstoffe über Natrium getrocknet.
1-Bromadamantan wurde stets für alle Reaktionen sublimiert.

Die lithium- und natriumorganischen Verbindungen wurden
nach der gängigen Methode hergestellt (Lit. 1, 2).
2-t-Butylbrombenzol wurde in fünf Stufen nach J.B.Shoesmith
und A. Mackie hergestellt (Lit. 3). Dieses Verfahren kann
man mit besseren Asubeuten durchführen, wenn man die Bromierung nach Derbyshire und Water's (Lit. 4) und den Austausch der Aminogruppe nach Lit. 5 analog zu o-Toluidin
mit hypophosphoriger Säure durchführt.
3-t-Butylbrombenzol wurde in sieben Stufen analog zu 3-
Cyclohexylbrombenzol (Lit. 6) hergestellt.
Alle Bromverbindungen der Firmen Merck bzw. Aldrich wurden
in die Reaktion ohne Reinigung, also mit den üblichen Stabilisatoren eingesetzt.
Die übrigen Verbindungen wurden nach den im Organikum bzw.
Organic Synthesis beschriebenen Methoden hergestellt.

I. Substitutionsreaktionen am Adamantan

1. Substitutionsreaktionen am Adamantan mit aromatischen Grignard-Verbindungen

1.1. Darstellung von 1-(2,6-Dimethylphenyl)adamantan

2,6-Dimethylphenylmagnesiumbromid wird in der üblichen Weise
aus 0,2mol (37,0 g) 2,6-Dimethylbrombenzol und 0,2 mol (4,9 g)
Magnesium in 150 ml abs. Ether dargestellt. Zu dieser Lösung
werden 0,15 mol (32,2 g) 1-Bromadamantan in 100 ml abs.
Ligroin gegeben. Dann wird unter gutem Rühren 18 Stunden
zum Rückfluß erhitzt. Nach dem Abkühlen wird mit 100 ml
verdünnter Salzsäure versetzt. Die organische Phase wird
abgetrennt und die wässrige zweimal mit je 50 ml Petrolether
extrahiert.

Die vereinigten organischen Phasen werden über Calciumchlorid getrocknet. Nach dem Abziehen des Lösungsmittels wird das zurückbleibende Öl im Vakuum destilliert. Bei 202°C/1,2 Torr kommen 18 g helles Öl über. Durch Umkristallisieren dieses Öls aus einem Methanol-Essigester-Gemisch bei -70°C wird ein Feststoff gewonnen, der durch weiteres Umkristallisieren aus Ethanol reines 1-(2,6-Dimethylphenyl)adamantan ergibt.

Ausbeute: 10,9 g (30,3%)
Schmp.:   140-142°C (Ethanol)

Die gefundene Substanz ist identisch mit beschriebenem 1-(2,6-Dimethylphenyl)adamantan (Lit. 7).
Als Nebenprodukte (GC) konnten auch zwei andere Substitutionsprodukte und 1,1'-Biadamantyl nachgewiesen werden. Verteilung der Isomere im Öl:
1-(2,6-Dimethylphenyl)adamantan ; 1-(3,5-Dimethylphenyl)adamantan : 1-(2,4-Dimethylphenyl)adamantan : 1,1'-Biadamantyl = 83,9 : 3,8 : 4.0 : 8,3.

1.2. Umsetzung von 2,6-Diethylphenylmagnesiumbromid mit 1-Bromadamantan

Analog zu 1.1. werden 0,33 mol 2,6-Diethylphenylmagnesiumbromid mit 0,1 mol (21,5 g) 1-Bromadamantan umgesetzt. Als Reaktionsprodukt wird ein Substanzgemisch isoliert, in dem durch GC-Messungen folgende Verteilung der Isomere erhalten wird : O : M : P : 1,1'-Biadamantyl = 2 : 34,8 : 52,2 : 11. (bezieht sich auf die Stellung der MgBr-Gruppe).

Ausbeute : 28 g Substanzgemisch.

1.3. Umsetzungen von Methylphenylmagnesiumbromiden mit 1-Bromadamatan

1.3.1. Umsetzung von 2-Methylphenylmagnesiumbromid

In einem 1-l-Dreihalskolben mit Rührer, Rückflußkühler, Tropftrichter mit Druckausgleich und Calciumchloridtrockenrohr werden unter Stickstoffatmosphäre 0,33 mol (56,5 g) o-Bromtoluol und 0,3 mol (7,3 g) Magnesium zu entsprechender Grignard-Verbindung umgesetzt. Zu dieser Lösung werden 0,1 mol (21,5 g) 1-Bromadamantan in 150 ml abs. Ligroin zugetropft. Das Lösungsmittel wird bis zu einer Temperatur von 80°C abdestilliert und es wird unter gutem Rühren 16 Stunden am Rückfluß erhitzt. Nach dem Abkühlen gibt man zunächst 150 ml Petrolether und dann 250 ml verdünnte Salzsäure zu. Die wässrige Phase wird dreimal mit je 200 ml Petrolether gewaschen und die vereinigten organischen Phasen werden zunächst mit Wasser gewaschen und dann über Magnesiumsulfat getrocknet. Nach dem Abziehen des Lösungsmittels wird der verbleibende Rückstand aus Methanol umkristallisiert.

Ausbeute : 18.0 g (79,5%)
Schmp. :   75-79°C (Methanol) zugeschmolzen

^{1}H-NMR (CCl$_4$) 1,40-2,40 (m, 15H, Adamantanprotonen),
δ =   2,57   (s, 3H , Ar-CH$_3$-Protonen),
              6,87-7,27 (m, 4H , Aromat) ppm.

C$_{17}$H$_{22}$ (226,37)

ber.: C 90,20   H 9,80
gef.: C 90,30   H 9,83

Verhältnis der Produkte:
o : m : p = 21,5 : - : 78,5 (nach der Aufarbeitung)

1.3.2. Darstellung von 1-(3-Methylphenyl)adamantan

Nach der Vorschrift wie unter 1.3.1. bereits beschrieben werden 0,33 mol (56,5 g) 3-Bromtoluol und 0,30 mol (7,3 g) Magnesium umgesetzt. Diese Grignard-Verbindung wird mit 0,1 mol (21,5 g) 1-Bromadamantan zur Reaktion gebracht. Nach der Aufarbeitung wird der Rückstand aus Ethanol umkristallisiert.

Ausbeute : 17,6 g (77,8%)
Schmp.:   69-71°C (Ethanol) zugeschmolzen. Lit. 8   77°C
                                                    (Methanol)

^{1}H-NMR (CCl$_4$): 1,50-2,20 (m, 15H, Adamantanprotonen),
δ =   2,30   (s, 3H, Ar-CH$_3$-Protonen),
              6,67-7,20 (m, 4H, Aromat) ppm.

$C_{17}H_{22}$ (226,37)

            ber.: C 90,20 H 9,80
            gef.: C 90,22 H 9,85

1.3.3. Darstellung von 1-(4-Methylphenyl)adamantan

Die aus 0,33 mol (56,5 g) und 0,3 mol (7,3 g) Magnesium hergestellte Grignard-Verbindung wird in üblicher Weise mit 0,1 mol (21,5 g) 1-Bromadamantan zur Reaktion gebracht. Der Rückstand wird aus Methanol umkristallisiert.

Ausbeute : 21.0 g (92,8%)
Schmp.:   98-99°C (Methanol) zugeschmolzen. Lit. 8   100°C.

^{1}H-NMR (CCl$_4$): δ= 1,50-2,17 (m,15H,Adamantanprotonen),
              2,27   (s,3H,Ar-CH$_3$-Protonen),
              6,90 - 7,13 (dd,4H,Aromat) ppm.

$C_{17}H_{22}$ (226,37)

ber.:　C 90,20　　H 9,80
gef.:　C 90,12　　H 9,70

1.4. Umsetzungen von Ethylphenylmagnesiumbromiden mit 1-Bromadamantan

1.4.1. Umsetzung von 2-Ethylphenylmagnesiumbromid

In einem 1-l-Dreihalskolben mit Rührer, Rückflußkühler, Tropftrichter mit Druckausgleich und Calciumchloridtrockenrohr werden 0,163 mol (30 g) 2-Ethylbrombenzol und 0,15 mol (3,65 g) Magnesium zur entsprechenden Grignard-Verbindung in abs. Ether unter Stickstoffatmosphäre umgesetzt.
Zu dieser Lösung werden 0,05 mol (11 g) 1-Bromadamantan in 150 ml abs. Ligroin zugetropft. Das Lösungsmittel wird bis zu einer Temperatur von 80°C abdestilliert und es wird unter gutem Rühren 16 Stunden am Rückfluß erhitzt. Nach dem Abkühlen gibt man zunächst 150 ml Petrolether und dann 250 ml verdünnte Salzsäure zu. Die organische Phase wird abgetrennt und die wässrige dreimal mit je 200 ml Petrolether gewaschen. Die vereinigten organischen Phasen werden zunächst mit Wasser gewaschen und dann über Magnesiumsulfat getrocknet. Nach dem Abziehen des Lösungsmittels wird der verbleibende Rückstand aus einer Mischung von Ethanol, Methanol und Ligroin umkristallisiert.

Ausbeute:　11,2 g (93,2%)
Schmp. :　57-59°C (Methanol, Ethanol, Ligroin)
^{1}H-NMR (CCl$_4$)　δ= 1,03-1,40 (t, 3H, Ar-CH$_2$-CH$_3$-Protonen)
　　　　　　　　　　1,50-2,30 (d, 15H, Adamantanprotonen)
　　　　　　　　　　2,63-3,13 (q, 2H, Ar-CH$_2$-CH$_3$-Protonen)
　　　　　　　　　　7,00 (s, 4H, Aromat) ppm.

$C_{18}H_{24}$ (240,37)

>ber.:   C 89,94   H 10,06
>gef.:   C 89,95   H 10,06

Verhältnis der Produkte vor der Aufarbeitung:
o : m : p = - : 18,2 : 91,8

1.4.2. Darstellung von 1-(4-Ethylphenyl)adamantan

Analog zu 1.4.1. werden 0,27 mol (50 g) 4-Ethylbrombenzol und 0,25 mol (6,1 g) Magnesium zur Reaktion gebracht. Die Grignard-Verbindung wird mit 70 mmol (15,2 g) 1-Bromadamantan umgesetzt. Die Aufarbeitung geschieht analog und der Rückstand wird aus Ethanol umkristallisiert.

Ausbeute : 15,0 g (89,2%)
Schmp.:   57-59°C (Ethanol)
^{1}H-NMR (CCl$_4$) : δ= 1,03-1,40 (t, 3H, Ar-CH$_2$-CH$_3$-Protonen)
                       1,50-22,7 (m, 15H, Adamantanprotonen)
                       2,30-2,78 (q, 2H, CH$_2$-CH$_3$-Protonen)
                       6,82-7,27 (dd, 4H, Aromat) ppm.

$C_{18}H_{24}$ (240,37)

>ber.:   C 89,94   H 10,06
>gef.:   C 88,18   H 9,86

Verhältnis der Produkte:
o : m : p = 0,7 : 9,2 : 90,1

1.5. Umsetzung von t-Butylphenylmagnesiumbromiden mit 1-Bromadamantan

1.5.1. Umsetzung von 2-t-Butylphenylmagnesiumbromid

2-t-Butylphenylmagnesiumbromid wird in der üblichen Weise aus 0,134 mol (28,5 g) 2-t-Butylbrombenzol und 0,134 mol (3,3 g) Magnesium in 150 ml abs. Ether dargestellt. Zu dieser Lösung werden 83 mmol (17,8 g) 1-Bromadamantan in 150 ml abs. Ligroin zugegeben. Das Lösungsmittel wird bis zu einer Temperatur von 80°C abdestilliert. Dann wird unter gutem Rühren 16 Stunden zum Rückfluß erhitzt. Nach dem Abkühlen wird mit 100 ml Petrolether und 200 ml verdünnter Salzsäure versetzt.
Die organische Phase wird abgetrennt und die wässrige zweimal mit je 50 ml Petrolether extrahiert. Die vereinigten organischen Phasen werden mit Wasser gewaschen und dann über Calciumchlorid getrocknet. Nach dem Abziehen des Lösungsmittels wird das zurückbleibende Öl im Vakuum destilliert. Bei 142-144°C / 0,4 Torr kommen 15,4 g helles Öl über. Durch Umkristallisieren dieses Öls aus Ethanol bei -70°C wird ein Feststoff gewonnen, der zum größten Teil aus der p-Form des 1-(t-Butylphenyl)adamantans besteht.

Ausbeute : 15,4 g (68,5%)
Schmp. : 132-134°C (Ethanol)
^{1}H-NMR (CCl$_4$) : δ = 1,30 (s, 9H, t-Butylprotonen)
1,60-2,40 (m, 15H, Adamantanprotonen)
7,20 (s, 4H, Aromat) ppm.
C$_{20}$H$_{28}$ (268,45)
ber.: C 89,47 H 10,52
gef.: C 98,45 H 10,65
Verteilung der Isomere:
vor der Aufarbeitung   o : m : p = 13,5 : 12,9 : 73,6
nach der Aufarbeitung o : m : p = 8,2 : 4,1 : 87,7

GC-MS : drei Peaks mit der Masse 268,45

1.5.2. Darstellung von 1-(3-t-Butylphenyl)adamantan

Nach der Vorschrift wie unter 1,5,1, bereits beschrieben werden 0,25 mol (55 g) 3-t-Butylbrombenzol und 0,23 mol (5,6 g) Magnesium zu entsprechender Grignard-Verbindung umgesetzt. Diese Grignard-Verbindung wird dann mit 0,1 mol (21,5 g) 1-Bromadamantan zur Reaktion gebracht. Den Rückstand kann man destillieren (118-134°C/0,2 Torr) oder aus Ethanol umkristallisieren.

Ausbeute : 24 g (89,4%)

Schmp.: 53-55°C (Ethanol)

^{1}H-NMR (CCl$_4$) : δ = 1,30 (s, 9H, t-Butylprotonen)
1,63 (m, 15H, Admantanprotonen)
7,03-7,37 (m, 4H, Aromat) ppm.

$C_{20}H_{28}$ (268,45)

ber.: C 89,47   H 10,52
gef.: C 89,20   H 10,41

Verhältnis der Produkte : o : m = 5 : 95

1.5.3. Darstellung von 1-(4-t-Butylphenyl)adamantan

Wie unter 1.5.1. bereits beschrieben werden 0,33 mol (71 g) 4-t-Butylbrombenzol und 0,3 mol (7,3 g) Magnesium zu 4-t-Butylphenylmagnesiumbromid umgesetzt und anschliessend in der üblichen Weise mit 1-Bromadamantan zur Reaktion gebracht. Nach der Aufarbeitung wird der feste Rückstand aus Ethanol umkristallisiert. Der Feststoff läßt sich auch destillieren. Bei 148°C/0,4 Torr kommt ein gelbes zähes Öl über.

Ausbeute : 23,1 g (86,2%)
Schmp.:   134-136°C (Ethanol)

^{1}H-NMR (CCl$_4$) : δ = 1,30 (s, 9H, t-Butylprotonen)
        1,50-2,33 (m, 15H, Adamantanprotonen)
        7,16 (s, 4H, Aromat) ppm.

C$_{20}$H$_{28}$ (268,45)

        ber.: C 89,47   H 10,52
        gef.: C 89,11   H 10,71

Verhältnis der Produkte : o : m : p = 1,8 : 0,9 : 97,3

1.6. Umsetzung von mono-Methoxyphenylmagnesiumbromiden mit 1-Bromadamantan

1.6.1. Umsetzung von 2-Methoxyphenylmagnesiumbromid

In einem 1-l-Dreihalskolben mit Rührer, Rückflußkühler, Tropftrichter mit Druckausgleich und Calciumchloridtrockenrohr werden unter Stickstoffatmosphäre 0,3 mol (56 g) 2-Bromanisol und 0,27 mol (6,4 g) Magnesium in abs. Ether zur Reaktion gebracht und man erhält 2-Methoxyphenylmagnesiumbromid. Zu dieser Lösung werden 0,1 mol (21,5 g) 1-Bromadamantan in 150 ml abs. n-Heptan zugetropft. Nach dem Abdestillieren des Lösungsmittels bis zu einer Temperatur von 96°C werden noch 150 ml abs. Ligroin zugegeben. Es wird unter gutem Rühren 16 Stunden am Rückfluß erhitzt. Nach dem Abkühlen gibt man zunächst 150 ml Petrolether und dann 200 ml verdünnte Salzsäure zu. Die wässrige Phase wird dreimal mit je 200 ml Petrolether gewaschen und die vereinigten organischen Phasen werden zunächst mit Wsser gewaschen und dann über Magnesiumsulfat getrocknet. Nach dem Abziehen des Lösungsmittels wird der verbleibende Rückstand aus Methanol umkristallisiert.

Ausbeute: 17,6 g (72,6 %)
Schmp.:   64°C (Methanol)
IR (KBr) : 2850 (O-CH$_3$) cm^{-1}.
^{1}H-NMR (CCl$_4$) : δ = 1,53-2,30 (m 15H, Adamantanprotonen),
                3,70 (s, 3H, O-CH$_3$-Protonen),
                6,60-7,33 (m, 4H, Aromat) ppm.
C$_{17}$H$_{22}$O (242,36)
                ber.:   C 84,25   H 9,15
                gef.:   C 84,26   H 8,90

Verhältnis der Isomere: o : m : p
vor der Aufarbeitung: 44,2 0,6   56,4
nach der Aufarbeitung: 44,1 2,5   53,4

1.6.2. Umsetzung von 3-Methoxyphenylmagnesiumbromid

Nach der Vorschrift wie unter 1.6.1. bereits beschrieben werden 0,134 mol (25g) 3-Bromanisol und 0,12 mol (2,9 g) Magnesium zur entsprechenden Grignard-Verbindung umgesetzt. Diese Grignard-Verbindung wird mit 50 mmol (10,8g) 1-Bromadamantan in abs. Ligroin zur Reaktion gebracht. Die Ausfertigung geschieht wie oben schon angegeben. Den Rückstand destilliert man im Vakuum. Bei 146-150°C/0,45 Torr kommen 6,2 g gelbes Öl über, das nach 48 Stunden bei -80°C fest wird.

Ausbeute: 6,2 g (51,2%).
Schmp.:   42-44°C.
IR (KBr) : 2850 (O-CH$_3$) cm^{-1}.
^{1}H-MNR (CCl$_4$) : δ= 1,33-2,33 (m, 15H, Adamantanprotonen,
                3,37 (s, 3H, O-CH$_3$-Protonen),
                6,33-7,33 (m, 4H, Aromat) ppm.

$C_{17}H_{22}O$ /242,36)
                              ber.:   C 84,25   H 9,15
                              gef.:   C 84,02   H 9,17

Verhältnis der Isomere: o : m : p
vor der Aufarbeitung: 23,8 45,8 30,4
nach der Aufarbeitung: 18,0 48,8 33,2

1.6.3. Umsetzung von 4-Methoxyphenylmagnesiumbromid

Aus 0,33 mol (62 g) 4-Bromanisol und 0,30 mol (7,3 g) Magnesium wird in abs. Tetrahydrofuran 4-Methoxyphenylmagnesiumbromid hergestellt. Diese Lösung wird wie unter 1.6.1 beschrieben mit 0,1 mol (21,5 g) 1-Bromadamantan in abs. n-Heptan umgesetzt und aufgearbeitet. Der resultierende Feststoff wird aus Ethanol umkristallisiert.

Ausbeute: 19,8 g (90 %)
Schmp.:   84°C (Ethanol) Lit. (9) : 80-83°C
^{1}H-NMR (CCl$_4$) : δ = 1,57-2,20 (m, 15H, Adamantanprotonen)
                      3,70-3,83 (d, 3H, O-CH$_3$-Protonen),
                      6,63-7,67 (m, 4H, Aromat) ppm.
IR (KBr) : 2850 (O-CH$_3$) cm^{-1}.
$C_{17}H_{22}O$ (242,36)
                              ber.:   C 84,25   H 9,15
                              gef.:   C 82,94   H 8,96
Verhältnis der Isomere: o : p = 48 : 52

2. Substitutionsreaktionen am Adamantan mit Phenylacetylen-magnesiumbromid und Phenyllithium

2.1. Darstellung von 1,2-(1-Adamantyl)phenylacetylen

Zu einer frisch hergestellten Lösung von 0,3 mol Ethylmagnesiumbromid in 100 ml abs. Ether werden unter Stickstoff 0,3 mol (31 g) Phenylacetylen in 50 ml Ether zugetropft, 12 Stunden unter Stickstoff stehengelassen und anschließend 2 Stunden zum Rückfluß erhitzt. 0,1 mol (21,5 g) 1-Bromadamantan in 150 ml abs. Ligroin werden langsam zugetropft. Das Lösungsmittel wird bis zu einer Temperatur von 80°C abdestilliert und die Reaktionsmischung unter gutem Rühren 17 Stunden zum Rückfluß erhitzt. Nach dem Abkühlen wird mit verdünnter Salzsäure versetzt und die organische Phase abgetrennt. Die wässrige Phase wird dreimal mit je 100 ml Ether extrahiert und die vereinigten organischen Phasen werden über Calciumchlorid getrocknet. Nach dem Abziehen des Lösungsmittels wird das zurückbleibende Öl im Vakuum destilliert. Bei 128°C/ 0,3 Torr kommen 12,4 g helles Öl über, das langsam fest wird. Durch Umkristallisieren aus Ethanol bekommt man 10,3 g einen weissen Feststoff.

Ausbeute: 10,3 g (46,0 %)
Schmp.: 86-87°C (Ethanol)
^{1}H-NMR (CCl$_4$) : δ = 1,57-2,13 (d, 15H, Adamantanprotonen), 7,17 (s, 5H, Aromat) ppm.
IR(KBr) : 2400 (C≡C) cm^{-1}

$C_{18}H_{20}$ (236,16)

ber.:	C	91,47	H	8,53
gef.:	C	91,44	H	8,64

2.1.1. Hydratation des 1,2-(1-Adamantyl)phenylacetylens

2.1.1.1. Mit Bortrifluorid als Katalysator

Zunächst wird aus 500 ml rotem Quecksilberoxid, 50 mg Trichloressigsäure, 1,25 ml Methanol und 0,75 ml Bortrifluorid-Etherat der Additionskatalysator hergestellt, indem man in einem Reagenzglas eine Minute auf 50 bis 60°C erwärmt.

0,021 mol (5 g) des 1,2-(1-Adamantyl)phenylacetylens werden in 15 ml Methanol gelöst, mit der Katalysatorlösung versetzt und 48 Stunden unter Rühren zum Rückfluß erhitzt. Man verseift das Ketal zum Keton durch Zugabe von 2 bis 3 ml Wasser, dem zur Bindung der Säure 10% Kaliumcarbonat zugesetzt wird. Dann wird die Reaktionsmischung 4 mal mit je 50 ml Ether extrahiert. Die vereinigten Etherextrakte werden mit gesättigter Kochsalzlösung neutral gewaschen und über Natriumsulfat getrocknet. Nach Entfernen des Ethers bleibt eine gelbe zähe Flüssigkeit zurück die durch Reiben zu einem Feststoff erstarrt. Man kristallisiert aus n-Hexan um.

Ausbeute : 4,1 g (76,0%)
Schmp.:   69-70°C (n-Hexan)   Lit. 10 : 64-65°C

^{1}H-NMR (CCl$_4$) : δ = 1,00-2,27 (m, 15H, Adamantanprotonen)
                            2,60 (s, 2H, Ad-CH$_2$-CO-Protonen)
                            7,17-7,53 (m, 3H, Aromat)
                            7,73-8,00 (m, 2H, Aromat) ppm.

IR (KBr) : 1660 (C=O)cm^{-1}

$C_{18}H_{22}O$ (254,37)

	C	H
ber.:	84,99	8,71
gef.:	84,45	8,40

2.1.1.2. Mit Quecksilber (II)sulfat als Katalysator

In einem 250 ml-Dreihalskoben mit Rührer werden 4 ml konz. Schwefelsäure 2,5 g Quecksilber (II) sulfat, 100 ml Wasser und 0,021 mol (5 g) des Acetylens vorgelegt. Die Reaktionsmischung wird 48 Stunden unter gutem Rühren zum Rückfluß erhitzt. Nach dem Abkühlen wird ausgeethert und wie unter 2.1.1.1. schon beschrieben aufgearbeitet. Es werden 3,8 g Feststoff isoliert.

Ausbeute : 3,8 g (70,0%)
Schmp.:   62-64°C (Methanol)   Lit. 10   64-65°C(n-Hexan)
^{1}H-NMR (CCl$_4$) : δ = 1,00-2,23 (m, 15H, Adamantanprotonen)
                         2,73 (s, Ad-CH$_2$-CO-Protonen)
                         7,10-7,60 (m, 3H, Aromat)
                         7,77-8,03 (m, 2H, Aromat) ppm.
IR(Kbr) : 1660 (C=O)cm^{-1}
C$_{18}$H$_{22}$O (254,37)
                 ber.:   C 84,99   H 8,71
                 gef.:   C 82,00   H 8,73

2.1.2. Hydrierung des 1,2-(1-Adamantyl)phenylacetylens

0,042 mol (10 g) des 1,2-(1-Adamantyl)phenylacetylens werden in 150 ml Dioxan gelöst. Es werden 3 g Pd/CaCO$_3$ (5%) als Katalysator zugegeben und das Gefäß wird an eine Schüttelapparatur angeschlossen. Nach zweimaligem Evakuieren des Gefässes mittels Wasserstrahlpumpe und jeweiligem Nachfüllen mit Wasserstoff, wird zwei Stunden Wasserstoff unter geringem Überdruck eingeleitet. Es werden ca. 2 Liter Wasserstoff aufgenommen.

Nach dem Abziehen des Lösungsmittels werden 10 g Feststoff isoliert und aus Methanol umkristallisiert.

Ausbeute : 10 g (99%)
Schmp.   65-66°C (Methanol)

^{1}H-NMR (CCl$_4$) : δ = 1,17-1,47 (quint, 2H, CH$_2$-Ar-Protonen)
1,47-2,30 (m, 15H, Adamantanprotonen)
2,30-2,73 (quint, 2H, CH$_2$-Ad-Protonen)
6,93,7,33 (t, 5H, Aromat) ppm.

C$_{18}$H$_{24}$ (240,39)

ber.: C 89,93   H 10,07
gef: C 89,65   H 10,29

B   Über 1-Adamantylrest enthaltende Schutzgruppen in
    der Synthese von Aminosäuren

Im ersten Teil der vorliegenden Arbeit wurde die Anwendungs-
möglichkeit der (1-Adamantyl)-Gruppe als Schutzgruppe für
eine Mercaptofunktion untersucht. N-Acetyl-S-(1-adamantyl)-
cystein (3), als Modellverbindung, wurde durch basenkata-
lysierte Addition von 1-Mercaptoadamantan an N-Acetyl-
dehydroalaninmethylester und anschließende Verseifung des
Esters hergestellt.

Abhängig vom Lösungsmittel (Methanol, Ethanol) entsteht
bei der Addition entweder der Methyl- (1) oder Ethylester
(2).

Die Acylierung von S-(1-Adamantyl)cystein mit Acetyl-4,6-
dimethylpyrimidin-2-yl-thioester führt auch zu N-Acetyl-
S-(1-adamantyl)cystein (3).
N-Acetyl-S-(1-adamantyl)cystein (3) konnte nach der DCC-
Methode oder mit aktiven Estern zu N-[-N-Acetyl-S-(1-ada-
mantyl)cysteinyl-]-glycinalkylestern umgesetzt werden.
Als aktive Ester wurden folgende Ester hergestellt:
p-Nitrophenylester (12), 2,4,5-Trichlorphenylester (13),
2,4,6-Trichlorphenylester (14) und N-Hydroxysuccinimid-
ester (15).

Die meisten aktiven Ester von N-Acetyl-S-(1-adamantyl)-
cystein sind schlecht kristallisierbare Verbindungen.
Die (1-Adamantyl)-Schutzgruppe wurde am besten mit Bromwasserstoff in Eisessig oder mit Trifluoressigsäure/
Thiophenol gespalten.

Der direkte Vergleich mit der S-(t-Butyl)-Schutzgruppe
ist oft schwierig, weil die experimentellen Daten in der
Literatur oft fehlen und eben die Aufarbeitungsmethode

und nicht immer das Reaktionsmedium entscheidend für die Ausbeute ist. Im allgemeinen läßt sich sagen, daß die S-(1-Adamantyl)-Schutzgruppe keine gravierenden Vorteile bietet.

Eine andere untersuchte Schutzgruppe ist die (1-Adamantylsulfinyl)-Gruppe, als Schutzgruppe einer Aminofunktion. Die Darstellung von N-(1-Adamantylsulfinyl)glycin gelingt am besten durch direkte Umsetzung von Adamantansulfinsäure-(1)-chlorid mit Glycinmethylesterhydrochlorid und anschliessende alkalische Verseifung.

Die Herstellung der Peptidbindung gelingt nach der DCC-Methode durch Umsetzung mit entsprechenden Gylcinestern.

Die Herstellung und Anwendung der aktiven Ester wurde ähnlich wie schon beim N-Acetyl-S-(1-adamantyl)cystein beschrieben durchgeführt. Die Abspaltung der N-(1-Adamantylsulfinyl)-Gruppe verläuft am besten in sehr hoher Ausbeute mit Bromwasserstoff/Eisessig.

Da die Übertragung der Adamantyl-(1)-oxycarbonyl-Gruppe
bisher nur mit Chlorameisensäure-adamantyl-(1)-ester
(Lit.11) einer instabilen Verbindung, möglich war, wurde
nach einem geeigneterem Reagenz zur selektiven Übertragung
dieser Gruppe in einem homogenen System gesucht.

(1-Adamantyl)-4,6-dimethylpyrimidyl-2-thiolcarbonat (33)
wurde aus 1-Hydroxyadamantan und 4,6-Dimethylpyrimidyl-
2-thiolchlorformiat hergestellt. Seine Umsetzung, z.B.
mit Serin führt zu Adamantyl-(1)-oxycarbonylserin.

In diesem Fall ist auch die Selektivität der Acylübertra-
gung sichtbar. Die Ausbeuten sind auch viel besser als
in Lit. 11 angegeben.

E x p e r i m e n t e l l e r   T e i l

I. Allgemeines

Die in dieser Arbeit angegebenen Schmelzpunkte wurden mit dem Apparat nach Dr. Tottoli der Firma Büchi bestimmt. Sie sind - wie auch die Siedepunkts- und Druckangaben - nicht korrigiert.

Die IR-Aufnahmen wurden mit einem Leitz Gitterspektrographen III G angefertigt.

Die ^{1}H-NMR-Spektren wurden mit dem Protonenresonanzspektrometer Varian T 60 aufgenommen. Dabei diente TMS als innerer Standard.
Die ^{13}C-NMR-Spektren wurden mit einem Varian CFT 20 angefertigt.

II. Stabilität der N-(1-Adamantyl)amide sowie (1-Adamantyl)acetat und -thiolacetat bei der Behandlung mit konz. Salz- und Bromwasserstoffsäure

1. Allgemeine Arbeitsvorschrift

In einem 250 ml Einhalskolben mit Magnetrührer und Rückflußkühler werden Adamantylverbindungen und 70 ml entsprechende Säure gegeben und 1 bis 6 h lang zum Rückfluß erhitzt, wobei das Produkt teilweise in den Kühler sublimiert. Während die Reaktionsmischung auf etwa 80°C abgekühlt wird, werden ca. 50 ml Methylenchlorid zugegeben.

Damit wird der Feststoff aus dem Kühler extrahiert. Die kalte Reaktionsmischung wird dreimal mit Methylenchlorid extrahiert und die organische Phase über Natrium- oder Magnesiumsulfat 2 h unter Rühren getrocknet. Das Lösungsmittel wird im Vakuum abdestilliert und der verbleibende Rückstand entweder sublimiert oder umkristallisiert. Zur Identifizierung wird vom sauberen Produkt der Schmelzpunkt bestimmt und ein IR-Spektrum angefertigt. Die Vergleichsubstanzen werden wie folgt hergestellt:

1-Bromadamantan: Schmp. 118-20°C   Institutsvorschrift
1-Chloradamantan: Schmp. 163-4°C   Lit. 12
1-Hydroxyadamantan: Schmp. 282°C   Lit. 12
1-Mercaptoadamantan: Schmp. 100-2°C   Lit. 13

2. Untersuchung der Stabilität der N-(1-Adamantyl)-amide

2.1. Behandlung mit Bromwasserstoffsäure

(nach der allgemeinen Arbeitsvorschrift in Punkt 1)

2.1.1 N-(1-Adamantyl)propionsäureamid (Lit. 14)

Ansatz: 1 g (4,8 mmol)
Reaktionszeit: 6 Stunden
Produkt: 1-Bromadamantan
Ausbeute: 0,8 g (77,09%)
Schmp.:   118°C

2.1.2 1-(N-Methyl(acetaminoadamantan (Lit. 14)

Ansatz: 1 g (4,8 mmol)
Reaktionszeit: 4 Stunden
Produkt: 1-Bromadamantan
Ausbeute: 0,8 g (77,09 %)
Schmp.:   118°C

2.1.3 1-(N-Ethyl)acetaminoadamantan (Lit. 14)

Ansatz:	1 g (4,5 mmol)
Reaktionszeit:	4,5 Stunden
Produkt:	1-Bromadamantan
Ausbeute:	0,7 g (72,01 %)
Schmp.:	114°C

2.1.4 N-(1-Adamantyl)benzamid (Lit.15)

Ansatz:	1 g (3,9 mmol)
Reaktionszeit:	4,5 Stunden
Produkt:	1-Bromadamantan
Ausbeute:	0,6 g (89,75 %)
Schmp.:	118°C

2.1.5 1-Acetaminoadamantan (Lit. 12)

Ansatz:	3 g (15,5 mmol)
Reaktionszeit:	5 Stunden
Produkt:	1-Bromadamantan
Ausbeute:	1,5 g (44,92 %)
Schmp.:	118°C

2.2 Behandlung mit Salzsäure

(nach der allgemeinen Vorschrift in Punkt 1)

2.2.1 N-(1-Adamantyl)propionsäureamid (Lit 14)

Ansatz:	3 g (14,5 mmol)
Reaktionszeit:	1 Stunde
Produkt:	1-Chloradamantan
Ausbeute:	2,3 g (43,12 %)
Schmp.:	163-4°C

2.2.2 1-(N-Methyl)acetaminoadamantan (Lit. 14)

Ansatz:	2 g (9,6 mmol)
Reaktionszeit:	1 Stunde
Produkt:	1-Chloradamantan
Ausbeute:	1,1 g (66,80 %)
Schmp.:	165°C

2.2.3 1-(N-Ethyl)acetaminoadamantan (Lit. 14)

Ansatz:	3 g (13,6 mmol)
Reaktionszeit:	1 Stunde
Produkt:	1-Chloradamantan
Ausbeute:	1,8 g (77,88 %)
Schmp.:	163-4°C

2.2.4 N-(1-Adamantyl)benzamid (Lit. 15)

Ansatz:	1,5 g (5,9 mmol)
Reaktionszeit:	1 Stunde
Produkt:	1-Chloradamantan
Ausbeute:	1 g (97,34 %)
Schmp.:	50-150°C

2.3 Behandlung von 1-Acetaminoadamantan mit konz. Schwefelsäure

Ansatz:	3 g (15,5 mmol), 40 ml Methylenchlorid, 40 ml konz. Schwefelsäure
Reaktionszeit:	2 Stunden
Produkt:	1-Hydroxyadamantan
Ausbeute:	1,2 g (50,79 %)
Schmp.:	270°C

3. Untersuchungen der Stabilität des 1-Adamantylthiolacetats und 1-Adamantylacetats

(Reaktionsführung und Aufarbeitung wie in Punkt 1)

3.1. 1-Adamantylthiolacetat (Lit. 16)

3.1.1 mit Bromwasserstoffsäure

Ansatz:	3 g (14,2 mmol)
Reaktionszeit:	1 Stunde
Produkt:	1-Bromadamantan
Ausbeute:	2,25 g (73,33 %)
Schmp.:	118-20°C

3.1.2. mit Salzsäure

Ansatz:	3 g (14,3 mmol)
Reaktionszeit:	7 Stunden
Produkt:	1-Mercaptoadamantan
Ausbeute:	2,4 g (100 %)
Schmp.:	112°C

3.2. 1-Adamantylacetat mit Salzsäure

Ansatz:	3 g (15,4 mmol)
Reaktionszeit:	2 Stunden
Produkt:	1-Chloradamantan
Ausbeute:	1,1 g (41,73 %)
Schmp.:	164°C

4. Empfindlichkeit der N-(1-Adamantylsulfinyl)amide gegen die Einwirkung von Säuren und Basen

4.1 Einwirkung der Salzsäure

Allgemeine Arbeitsvorschrift

In einen 500 ml Einhalskolben mit Magnetrührer und Rückflußkühler werden die Adamantansulfinsäure-(1)-amide und 300 ml konz. Salzsäure gegeben und 6 h bei 130°C zum Sieden erhitzt, wobei das Produkt teilweise in den Kühler sublimiert. Während die Reaktionsmischung auf etwa 80°C abgekühlt wird, werden ca. 50 ml Methylenchlorid zugegeben. Damit wird der Feststoff aus dem Kühler extrahiert. Die kalte Reaktionsmischung wird dreimal mit Methylenchlorid und danach die organische Phase dreimal mit verdünnter Natriumhydrogencarbonat-Lösung. Die beiden wäßrigen Phasen werden zusammengegeben, angesäuert und das Wasser im Vakuum abdestilliert. Der verbleibende Rückstand wird aus Essigester umkristallisiert und als Adamantansulfonsäure-(1)-monohydrat identifiziet (Lit. 17, Schmp. 174-5°C). Die organische Phase wird über Natriumsulfat getrocknet und das Lösungsmittel im Vakuum abdestilliert. Das im Rückstand befindliche 1-Chloradamantan konnte durch Sublimation abgetrennt werden. Als Rückstand verbleibt Adamantan-thiosulfonsäure-(1)-S-(1-adamantyl)ester (Lit. 18, Schmp. 205-8°C), der aus Methanol oder n-Hexan umkristallisiert wird.

4.1.1 auf Adamantansulfinsäure-(1)-amid (Lit. 17)

    Ansatz: 10,3 g (51,7 mmol)
a) Produkt: 1-Chloradamantan
    Ausbeute: 1,4 g (15,87 %)
    Schmp.:   168-70°C

b) Produkt: Adamantan-thiosulfonsäure-(1)-
S-(1-adamantyl)-ester
Ausbeute: 4,0 g (21,11 %)
Schmp.: 199-200°C (Methanol)
c) Produkt: Adamantansulfonsäure-(1)-monohydrat
Ausbeute: 1 g (8,26 %)
Schmp.: 165-7°C (Essigester)

4.1.2 auf Adamantansulfinsäure-(1)-dimethylamid (Lit 17)

Ansatz: 7,3 g (32,1 mmol)
a) Produkt: 1-Chloradamantan
Ausbeute: 0,7 g (12,77 %)
Schmp.: 163°C
b) Produkt: Adamantan-thiosulfonsäure-(1)-S-
(1-adamantyl)ester
Ausbeute: 4,1 g (34,84 %)
Schmp.: 188-91°C (Methanol)

4.1.3 auf N-(1-Adamantylsulfinyl)glycin

Ansatz: 8 g (31 mmol)
a) Produkt: 1-Chloradamantan
Ausbeute: 0,9 g (16,96 %)
Schmp.: 163-4°C

4.1.4 auf Adamantansulfinsäure-(1) (Lit 17)

a) Produkt: 1-Chloradamantan
Ausbeute: 1,8 g (21,09 %)
Schmp.: 162-4°C
b) Produkt: Adamantan-thiosulfonsäure-(1)-
S-(1-adamantyl)ester
Ausbeute: 5,2 g (28,37 %)
Schmp.: 203-5°C (n-Hexan)

4.2 Einwirkung von Natronlauge

15 mmol Adamantansulfinsäure-(1)-amid, Adamantansulfinsäure-(1)-dimethylamid bzw. N-(1-Adamantylsulfinyl)-glycin werden mit 100 ml 10 %iger Natronlauge versetzt und 4 h bei 100°C erhitzt. Nach Abkühlen wird die Mischung mit 250 ml Wasser verdünnt und entweder beim N-(1-Adamantylsulfinyl)glycin angesäuert und abgesaugt oder mit Ether extrahiert und das Lösungsmittel wird im Vakuum abdestilliert. Der Rückstand wird aus Cyclohexan umkristallisiert.
Es konnten bei allen drei Umsetzungen etwa 80 % der eingesetzten Verbindung isoliert werden.

III Anwendung der (1-Adamantyl)-Gruppe als Schutzgruppe für die Mercaptofunktion im Cystein

1. Allgemeine Arbeitsvorschrift zur Addition von 1-Mercaptoadamantan an Dehydroaminosäuren

Als Apparatur diente ein 250 ml Dreihalskolben, der versehen war mit einem Rührer, Tropftrichter und einem Rückflußkühler mit aufgesetztem Calciumchloridtrockenrohr.
Im Kolben wird eine Lösung von 3,4 g (20 mmol) 1-Mercaptoadamantan in 30 ml abs. Alkohol (Methanol bzw. Ehtanol(oder Dioxan und katalytische Mengen des Katalysators vorgelegt und eine Lösung von 21 mmol Dehydroaminosäure (ester) in 60 ml desselben Lösungsmittels bei einer Temperatur von 80°C unter Rühren zugetropft. Nach Zugabe wird ca. 6 h zum Sieden erhitzt und die Reaktionsmischung anschließend noch 16 h bei Raumtemperatur gerührt. Nun wird das Lösungsmittel im Vakuum abdestilliert und der Rückstand aufgearbeitet.

2. Herstellung von N-Acetyl-S-(1-adamantyl)cystein (3)

2.1 Addition von 1-Mercaptoadamantan an N-Acetyldehydroalaninmethylester

2.1.1 Darstellung von N-Acetyl-S-(1-adamantyl)cysteinmethylester (1)

Arbeitsvorschrift wie in Punkt 1, III
Katalysator :   Triton B
Lösungsmittel :   Methanol oder Dioxan
Das Produkt konnte nicht kristallin isoliert werden.
Rohausbeute :   5,5 g (87,46 %)

^{1}H-NMR (CDCl$_3$): δ = 1.55-1.90 (m, 12H, Adamantan),
2.02 (s, 3H, Acetyl, 3H Adamantan),
2,93 (d, 2H, CH$_2$-S-Protonen)
3.68 (s, 3H, Ester-CH$_3$)
4.77 (m, 1H, CH-Protonen)
7.10 (s, 1H, NH-Protonen) ppm.

2.1.2 Darstellung von N-Acetyl-S-(1-adamantyl)cystein-ethylester (2)

2.1.2.1 unter Triton B Katalyse

Arbeitsvorschrift wie in Punkt 1, III
Lösungsmittel: Ethanol
Ausbeute: 6,5 g (100 %)
Schmp.:   100°C (Ethanol/Wasser)
IR (KBr):   3230 und 1630 (NH Amid), 1740 (C=O Ester), 1541 (NH-Deform. Amid); 1375 (CH$_3$-Deform. Acetyl)cm^{-1}

^{1}H-NMR (C$_6$D$_6$): δ = 0.93 (t, 3H, Esterprotonen), 1.33-1.67 (m, 12H, Adamantan), 1.75 (s, 3H, Acetyl und 3H Adamantan), 3.00 (d, 2H, CH$_2$S-Protonen, 3.95 (q, 2H, Esterprotonen), 5.00 (m, 1H, CH-Protonen), 6.10 (s, 1H, NM-Protonen) ppm

C$_{17}$H$_{27}$NO$_3$S (325.47) Ber. C 62.74 H 8.36 N 4.30
                                 Gef. C 61.72 H 7.89 N 4.03

2.1.2.2 unter Kaliumcarbonat-Katalyse

Arbeitsvorschrift wie in Punkt 1, III

Ausbeute: 4,5 g (72,6 %)
Schmp.:   99-100°C (Ethanol/Wasser)

2.2a Alkalische Verseifung des Esters zu 3

2.2a.1 des N-Acetyl-S-(1-adamantyl)cysteinmethylesters (1)

Der Ester (100 mmol) wird in 100 ml Methanol oder Dioxan aufgelöst und mit 4,4 g (110 mmol) Natriumhydroxid in 110 ml Wasser langsam versetzt. Nach 3 h Rühren bei Raumtemperatur wird die Reaktionsmischung bis zu einem Drittel Volumen im Vakuum eingeengt und mit 200 ml Wasser versetzt. Die wäßrige Phase wird nacheinander mit Ether, Essigester und Ether extrahiert und anschließend angesäuert. Das Produkt fällt analysensauber an.

Ausbeute: 27,6 g (92,80 %)
Schmp.:   174-6°C
IR (KBr):   3300 (OH-Valenz), 1720 und 1590 (C=O Valenz), 1540 (NH-Deform) und 1375 (CH_3-Deform. Acetyl) cm^{-1}.
^{1}H-NMR (DMSO): δ = 1.50-2.03 (m, 15H, Adamantan), 1.83 (s, 3H, Acetylprotonen), 2.57-3.00 (m, 2H, CH_2-S-Protonen), 4.00-4.50 (m, 1H, CH-Protonen), 7.88-8.23 (m, 1H, NH-Protonen), über 11 (br.s., 1H, OH-Säure) ppm
^{13}C-NMR (DMSO): δ = 1./22.30 2./53.08 3./27.02 4./44.04 5. und 7. 43.01 und 35.78 6./29.14 8. und 9. 172.09 und 169.41 ppm.

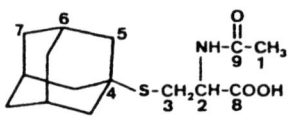

$C_{15}H_{23}NO_3S$ (297.40) Ber. C 60.57 H 7.79 N 4.71
                              Gef. C 60.81 H 7.94 N 4.94

2.2.a.2 des N-Acetyl-S-(1-Adamantyl) cysteinethylesters (2)

Arbeitsvorschrift: wie in Punkt 2.2a.1.
Ausbeute: 27,8 g (93,46 %)
Schmp.:   175-6 °C

2.2.b Acylierung von S-(1-Adamantyl)cystein zu 3

S-(1-Adamantyl)cystein wird nach Lit. 19 und Acetyl-4,6-dimethyl-pyrimidin-2-yl-thiolester nach Lit. 20 hergestellt.
23,8 g (130 mmol) Acetyl-4,6-dimethylpyrimidin-2-yl-thiolester werden in 100 ml Dioxan gelöst und zu einer Lösung von 12,8 g (50 mmol) S-(1-Adamantyl)cystein und 7,58 g (75 mmol) Triethylamin in 27 ml Wasser zugegeben. Die Reaktionsmischung wird bei Raumtemperatur 16 h gerührt und nach Zugabe von 150 ml Wasser dreimal mit Essigester extrahiert. Die wäßrige Phase wird angesäuert und der ausgefallene Feststoff abgesaugt. Der Filterkuchen wird mit viel Wasser gewaschen. Vollständige Abtrennung der Nebenprodukte konnte nicht gelingen.

Ausbeute: 4,5 g (30,26 %)
Schmp.:   130 °C sintert teilweise, 175-7 °C (Z.)
Die analytischen und spektroskopischen Daten entsprechen der Verbindung 3.

3. Herstellung der Peptidbindung

3.1. Anwendung der DDC-Methode

(Allgemeine Arbeitsvorschrift)

25 mmol der Aminosäure und 25 mmol der Amino-bzw. Hydroxykomponente werden in 100 ml Methylenchlorid oder Essigester gelöst und bei -20°C mit 25 mmol DCC (N,N'-Dicyclohexylcarbodiimid) versetzt und bei dieser Temperatur 4 h gerührt. Nach 16 h Rühren bei Raumtemperatur wird die Reaktionsmischung mit einigen Tropfen 50 %iger Essigsäure versetzt und der N,N'-Dicyclohexylharnstoff abgetrennt. Die Mutterlauge wird dann kalt nacheinander mit 1 N Salzsäure, zweimal mit Natriumhydrogencarbonatlösung und ges. Kochsalzlösung gewaschen und über Magnesium- oder Natriumsulfat getrocknet. Um den restlichen N,N'-Dicyclohexylharnstoff abzutrennen wird die Essigesterlösung bei 0°C im Kühlschrank 16 h aufbewahrt, wobei der N,N'-Dicyclohexylharnstoff ausfällt. Das Lösungsmittel wird im Vakuum abdestilliert und der Rückstand aus geeignetem Lösungsmittel umkristalliesiert.

3.1.1. Darstellung von N-[-N-Acetyl-S-(1Adamantyl)cysteinyl-]-glycinmethylester (4)

Arbeitsvorschrift wie oben in Punkt 3.1. III
Ausbeute: quantitativ (öliges Produkt)
Schmp.:   109-11°C (Essigester/n-Hexan)
Für die Analysen wird aus Essigester/n-Hexan umkristallisiert.
IR ($CHCl_3$):   1040 und 1180 (st m), 1430 (CH_2-Gly δm),
               1040 (CH_2-S-δm), 1513 und 1650 (Amid
               trans S), 1740 (C=O st s), 2840 u. 2940
               (CH st s), 3000 (S-CH_2 st as m) und 3250

(NH-st m) cm^{-1}

^{1}H-NMR (CDCl$_3$) : δ = 1.43-2.33 (m, 15H, Adamantan), 1,73 (s, 3H, Acetylprotonen), 2.66-3.05 (2x dd, 2H, CH$_2$-S Protonen), 3.73(s,3H, CH$_3$-Ester), 4.03 (d, J=6 Hz, 2H,CH$_2$-Glycin), 4.30-4.87 (m, 1H, CH-Protonen),6.53-7.03 (br.m,1H,NH-Protonen), 7.03-7.53(br.m, 1H, NH-Protonen) ppm.

C$_{18}$H$_{28}$N$_2$O$_4$S (368,48) Ber. C 58.67 H 7.66 N 7.60
                       Gef. C 58,96 H 7.50 N 7,93

3.1.1.1 Alkalische Verseifung des Methylesters 4

Arbeitsvorschrift wie in Punkt 2.2.a.1,III
Ansatz: 32,3 g (87,7 mmol)
Ausbeute: 23,45 g (75,34 %)
Schmp.:   175-7°C (Ethanol/Petrolether)

^{1}H-NMR (DMSO): δ = 1.37-2.27 (m, 15H, Adamantan), 1.89 (s, 3H, Acetyl), 2.42-3.02 (2x dd, 2H, CH$_2$-S-Protonen), 3.75 (d, J=6 Hz, 2H, CH$_2$-Glycin-Protonen), 4.16-4.68 (m, 1H, CH-Protonen), 7.75-8.37 (br.m,2H, NH-Protonen), 12.47 (br. s, 1H, Säureprotonen) ppm

^{13}C-NMR (DMSO): δ = 1) 22.50 2) 53.27 3) 27.62 4) 43.89 5. und 7) 35.74 und 42.97 6) 29.08 8., 9. und 11. 170.90, 170,69 und 169.29 10. 40.70 ppm

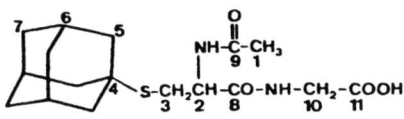

$C_{17}H_{26}N_2O_4S$ (354,47) Ber. C 57,60 H 7,39 N 7,90
                                Gef. C 57,55 H 7,21 N 7,91

3.1.2 Darstellung von N-[N-Acetyl-S-(1-adamantyl)-cysteinyl]glycinethylester (5)

Arbeitsvorschrift wie oben in Punkt 3.1,III

Ansatz:	9 mmol
Ausbeute:	3,3 g (95,86 %) öliges Produkt. Für Analysen umkristalliesiert
Schmp.:	101-3°C (Essigester/Petrolether)
IR ($CHCl_3$):	1040 und 1215 (C-O st m und s), 1445 (CH_2 δ Gly w), 1510 (Amid II trans m), 1670 Amid I trans s), 2900 (CH s s), 3300 (NH st w) cm^{-1}
^{1}H-NMR ($CDCl_3$):	δ = 1.27 (t, J=7 Hz, 3H, CH_3-Esterprotonen), 1.60-1.95 (m, 15H, Adamantan), 2.02 (s, 3H, Acetylprotonen), 2.78-2.98 (2 x dd, 2H, CH_2-S-Protonen), 4.10 (q, J=7 Hz, 2H, CH_2-Esterprotonen), 4.15-4.30 (m, 2H, CH_2-Glycin), 4.38-4.70 (m, 1H, CH-Protonen), 6.75-6.98 (br.m, 1H, NH-Protonen) ppm

$C_{19}H_{30}N_2O_4S$ (382.48) Ber. C 59,66 H 7,91 N 7,32
                                Gef. C 59,79 H 7,84 N 7,35

3.1.2.1 alkalische Verseifung des Ethylesters 5

Arbeitsvorschrift wie 2.2.a.1,III

Ansatz:	5,1 g (13,73 mmol)
Ausbeute:	2,3 g (48,68 %)
Schmp.:	166-9°C (Ethanol/Petrolether)

Identisch mit der Verbindung 7.

3.1.3 Darstellung von N-[N-Acetyl-S-(1-adamantyl)-cysteinyl]glycin-t-butylester (6)

Arbeitsvorschrift wie in Punkt 3.1, III
Ansatz: 5 mmol
Ausbeute: 2.0 g (97,79 %) öliges Produkt. Für Analysen mit großen Verlusten umkristallisiert.
Übersicht über die Ausbeuten in anderen Lösungsmitteln:
THF (97,42 %), 1,4-Dioxan (88,13 %), 1,4-Dioxan/Essigester (quantitativ), Diethylether (97,79 %), Chloroform (48,99%).
Schmp.: 116-9°C (Ethanol/Wasser)
IR (KBr): 1150, 1200 und 1270 (CO St a s), 1365 (CH_3 δ sym m), 1440 (CH_2-Gly δ w), 1535 und 1645/ Amid II und I s), 1710 (CO_2-t-C_4H_9m), 1730 (CO st m), 2900 (CH st s), 2970 (S-CH_2 - st as w), 3250 (NH st m) cm^{-1}

^{1}H-NMR ($CDCl_3$): δ = 1.48 (s, 9H, t-C_4H_9-Protonen), 1.57-2.23 (m, 15H, Adamantan), 2,05 (s, 3H, Acetyl), 2.57-3.20 (2xdd, 2H, CH_2-S-Protonen), 3.92 (d, J=5 Hz, 2H, CH_2-Gly), 4.22-4.75 (m, 1H, CH-Gystein), 6.25-6.73 (br. m, 1H, NH-Protnen(, 6.73-7.13 (br. m, 1H, NH-Protonen) ppm

$C_{21}H_{34}N_2O_4S$ (410.37) Ber. C 61.43 H 8.35 N 6.82
                              Gef. C 61.56 H 8.33 N 6.82

3.1.3.1 Saure Spaltung des t-Butylesters 6

2,7 g (6,6 mmol) des Esters werden in 70 ml Eisessig gelöst und mit 4 ml Bortrifluorid-Etherat versetzt. Nach mehreren Tagen wird das Lösungsmittel im Vakuum abdestilliert und der Rückstand in Natriumhydrogencarbonatlösung gelöst. Weitere Aufarbeitung wie in Punkt 2.2.a.1, III.

Rohausbeute: 2,25 g (48,29 %)

3.1.1.a Darstellung von N-{N-[Acetyl-S-(1-adamantyl)-cysteinyl]glycinyl}glycinmethylester (8)

Arbeitsvorschrift wie in Punkt 3.1, III

Ansatz: 21.7 mmol
Ausbeute: 8,7 g (94,12 %) öliges Produkt für Analysen mit Verlusten umkristallisiert.
Schmp.:   110-2°C (Methylacetat/n-Hexan)

^{1}H-NMR (CDCl$_3$): δ = 1.45-2.23 (m, 15H, Adamantan), 2.03 (s, 3H, Acetylprotonen), 2.67-3.13 (2x dd, 2H, CH$_2$-S-Protonen), 3.70 (s, 3H, CH$_3$-Ester), 4.03 (d, J=6 Hz, 4H, CH$_2$-Gly), 4.32-4.86 (m, 1H, CH-Cys), 6.66-7.92 (br. m, 3H, NH-Protonen) ppm.

$C_{20}H_{31}N_3O_5S$ (425.55) Ber. C 56.45 H 7.34 N 9.87
                                Gef. C 56.62 H 7.42 N 10.09

3.1.1.a.1 Alkalische Verseifung des Methylesters (8)

Arbeitsvorschrift wie in Punkt 2.2.a.1, III
Ansatz: 19,3 mmol
Ausbeute: 7,4 g (93,32 %)

Schmp.: 189-91°C (Ethanol/Spur Triethylamin/ Petrolether)

^{1}H-NMR (DMSO): δ = 1.43-2.27 (m, 15H, Adamantan), 1.88 (s, 3H, Acetylprotonen), 2.39-2.61 (m, 2H, $\underline{CH_2}$-S-Protonen), 3.54-4.05 (m, 4H, 2x$\underline{CH_2}$-Gly), 4.08-4.67 (m, 1H, CH-Protonen), 7,83-8,50 (m, 3H, NH-Protonen) ppm

^{13}C-NMR (DMSO): δ = 1. 22.44   2. 53.57   3. 27.37   4. 43.95
5. und 7.   42.19 und 35.67   6. 29.03
10. und 12.   41.89 und 40.49
8., 9., 11., 13.   170.93, 170.59, 169.47 und 168.88 ppm

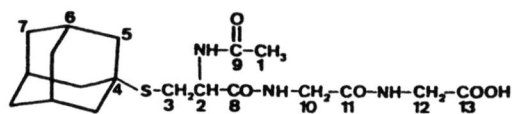

$C_{19}H_{29}N_3O_5S$ (411.52)   Ber. 55.46   H 7.10   N 10.21
Gef. 55.33   H 7.10   N 10.09

3.1.2.a Darstellung von N-{N-[N-Acetyl-S-(1-adamantyl)-cysteinyl]glycinyl}glycinethylester (9)

Arbeitsvorschrift wie in Punkt 3.1, III

Ansatz: 23,4 mmol
Ausbeute: 9,7 g (94,22 %) öliges Produkt, für Analysen mit großen Verlusten umkristallisiert.
Schmp.   122-4°C (Essigester)

^{1}H-NMR(CDCl$_3$) : δ = 1.28 (t, J=7 Hz, 3H, CH$_3$-Esterprotonen), 1.49-2.23 (m, 15H, Adamantan), 2.03 (s, 3H, Acetylprotonen), 2.69-3.15 (2xdd, 2H, CH$_2$-S-Protonen), 3.82-4.40 (m, 6H, CH$_2$-Ester und 2x CH$_2$Gly), 4.48-4.87 (m, 1H, CH-Protonen), 6.98-8.04 (br. m, 3H, NH-Protonen) ppm

C$_{21}$H$_{33}$N$_3$O$_5$S (439.58) Ber. C 57.38 H 7.57 N 9.56
                                    Gef. C 57.46 H 7.53 N 9.32

3.1.2.a.1 Alkalische Verseifung des Ethylesters 9

Arbeitsvorschrift wie in Punkt 2.2.a.1,III
Ansatz: 16,6 mmol
Ausbeute: 6,1 (89,24 %)
Schmp.:   189-91°C (Ethanol/Spur Triethylamin/Petrolether)
Identisch mit Verbindung 11.

3.1.3.a Darstellung von N-{N-[N-Acetyl-S-(1-adamantyl)-cysteinyl]glycinyl}glycin-t-butylester (10)

Arbeitsvorschrift wie in Punkt 3.1,III
Ansatz: 11,3 mmol
Ausbeute: 5,2 g (98,58 %) für Analysen mit großen Verlusten umkristalliesiert.
Schmp.:   163-5°C (Essigester/n-Hexan)
^{1}H-NMR (CDCl$_3$): δ = 1.47 (s, 9H, t-C$_4$H$_9$Protonen), 1.57-2.20 (m, 15 H, Adamantan), 2.04 (s, 3H, Acetylprotonen) 2.70-3.13 (m, 2H, CH$_2$-S-Protonen), 3.77-4.16(m,

4H, 2xCH$_2$ Gly-Protonen(, 4.30-4.78 (m, 1H, CH-Protonen(, 6.96 (d, J=7 Hz, 1H NH-Acetyl), 7.31 (t, J=7 Hz, 1H, N$\underline{H}$-CH$_2$), 7.70 (t, J=7 Hz, 1H, N$\underline{H}$-CH$_2$) ppm

C$_{23}$H$_{37}$N$_3$O$_5$S (467.63) Ber. C 59.07 H 7.98 N 8.99
                                      Gef. C 60.56 H 8.58 N 9.14

3.1.3.a.1 Saure Spaltung des t.-Butylesters (10)

Arbeitsvorschrift wie in Punkt 3.1.3.1, Abschnitt III
Ansatz: 11,5 mmol
Rohausbeute: 2 g (42,10 %)
Verbindung identisch mit 11.

3.2 Anwendung der p-Nitrophenylester-Methode

3.2.1 Darstellung des p-Nitrophenylesters von N-Acetyl-S-(1-adamantyl)cystein (12)

Arbeitsvorschrift wie in Punkt 3.1, III
Ansatz: 25 mmol
Ausbeute: 7,1 g (68 %)
Schmp.:   55-9°C
IR (CDCl$_3$): 3410 und 3280 (NH), 1764 (COOR), 1670 (CONH) cm^{-1}

^{1}H-NMR (CDCl$_3$): δ = 1.33-3.20 (m, 15H, Adamantan), 2,10 (s, 3H, Acetyl(, 3.00-3.27 (m, 2H, CH$_2$S), 4.80-5.27 (m, 1H, CH), 6.30-6.63 (m, 1H, NH), 7.03-7.47 (m, 2H, Ar-H), 8,10-8,40 (m, 2H, Ar-H) ppm

3.2.1.1 Umsetzung des Esters mit Glycinmethylester-hydrochlorid zu Verbindung 8

((Allgemeine Arbeitsvorschrift))

10 mmol des aktiven Esters und 10 mmol Glycinmethylester-hydrochlorid werden in 20 ml abs. DMF oder Essigester suspendiert und anschließend werden 10 mmol Triethylamin der Lösung zugesetzt. Nach 2 h Reaktionszeit bei Raumtemperatur wird die Suspension in 100 ml Methylenchlorid aufgenommen und mit einer 5 %igen bzgl. Kaliumcarbonat- und 2 %igen bzgl. Natriumchloridlösung dreimal gewaschen. Nach Trocknen über Natriumsulfat wird die Substanz aus Methylenchlorid/n-Pentan ausgefällt.

Ausbeute: 3,15 g (85,48 %)
Schmp.: 73-6°C (Methylenchlorid/n-Pentan)

3.2.1.2 Umsetzung des Esters mit Glycin-t-butylester zu 10

(Arbeitsvorschrift wie in Punkt 3.2.1.1)

Ansatz: 10 mmol
Ausbeute: 3,5 g (85,29 %)
Schmp.: 80-4°C (Methylenchlorid(n-Pentan/n-Hexan)

3.3 Anwendung der Trichlorphenylester-Methode

3.3.1 Darstellung des 2,4,5-Trichlorphenylesters von N-Acetyl-S-(1-adamantyl)cystein (13)

Arbeitsvorschrift wie im Punkt 3.1, III
Ansatz: 25 mmol
Ausbeute: 11,6 g (97,3 %) für Analysen mit großen Verlusten umkristallisiert
Schmp.: 93°C (Petrolether/Essigester)
IR (KBr): 3290 (NH), 3058 (NH), 1765 (CO), 1645 (CONH) cm^{-1}.

^{1}H-NMR (CDCl$_3$) : δ = 1.70-1.90 (m, 15H, Adamantan), 2.08 (s, 3H, Acetyl), 3.13 (d, J=6 Hz, 2H, CH$_2$-S), 4.87-5.18 (m, 1H, CH-), 6.43-6.77 (m, 1H, NH), 7.35 (s, 1H, Ar-H), 7.51 (s, 1H, Ar-H) ppm

C$_{21}$H$_{24}$Cl$_3$NO$_3$S (476.85) Ber. C 52.90 H 5.07 N 2.94
Gef. C 52.57 H 4.93 N 2.69

3.3.1.1 Umsetzung des aktiven Esters zu 8

Arbeitsvorschrift wie in Punkt 3.2.1.1, III
Ansatz: 10 mmol
Ausbeute: 2,9 g (78 70 %)
Schmp.:   73-6°C (Methylenchlorid/n-Pentan)

3.3.2 Darstellung des 2,4,6-Trichlorphenylesters von N-Acetyl-S-(1-adamantyl)cystein (14)

Arbeitsvorschrift wie in Punkt 3.1,III
Ansatz: 25 mmol
Ausbeute: 9,5 g (79,7%)
Schmp.:   94°C
IR (KBr):   3390 und 3245 (NH), 1779 (CO), 1655 (CONH) cm^{-1}

^{1}H-NMR (CDCl$_3$): δ = 1.70-1.91 (m, 15H, Adamantyl), 2.07 (s, 3H, Acetyl), 3.03-3.27 (m, 2H, S-CH$_2$), 4.96-5.36 (m, 1H, CH), 6.31 (br.d, 1H, NH), 7.36 (s, 2H, Ar-H) ppm

C$_{12}$H$_{24}$Cl$_3$NO$_4$S (476.85) Ber. C 52.90 H 5.07 N 2.94
Gef. C 53.15 H 5.07 N 2.93

3.3.2.1 Umsetzung des Esters mit Glycinmethylester- hydrochlorid zu 8

Arbeitsvorschrift wie in Punkt 3.2.1.1
Ansatz: 10 mmol
Ausbeute: 3,0 g (81,41 %)
Schmp.: 73-6 °C (Methylenchlorid/n-Pentan)

3.4 Anwendung der N-Hydroxysuccinimidmethode

3.4.1 Darstellung des N-Hydroxysuccinimidesters (15)

Arbeitsvorschrift wie in Punkt 3.1,III
Ansatz: 25 mmol
Ausbeute: 7,6 g (77,2 %)
Schmp.: 137-8 °C (Petrolther/Essigsäureethylester)
IR (KBr): 3235 (NH), 1818 u. 1785 (CO-Succinimid), 1739 (COOR), 1645 (CONH) cm^{-1}
^{1}H-NMR (CDCl$_3$): δ = 1.50-2.20 (m, 15H, Adamantyl), 2.06 (s, 3H, Acetyl), 2.83 (s, 4H, Succinimid), 2.93-3.17 (m, 2H, S-CH$_2$), 4.83-5.33 (m, 1H, CH-CO), 6.17-6.65 (m, 1H, NH) ppm

$C_{19}H_{26}N_2O_5S$ (394.49) Ber. C 57.85 H 6.64 N 7.10
                               Gef. C 57.80 H 6.42 N 7.31

Die Darstellung des Esters gelingt noch besser in 1,2 Di-methoxyethan analog zu Lit. 21
Ausbeute: 3,9 g (98,86 %)
Schmp.: 130-3 °C (wenig Essigester) (im zugeschmolzenen Röhrchen).

3.4.1.1 Umsetzung des Esters mit Glycin zu 7

Arbeitsvorschrift wie in Punkt 3.2.1.1
Ansatz: 11,4 mmol
          17 ml Ethanol
          1,9 g (22,8 mmol) Natriumhydrogencarbonat
          in 12 ml Wasser
Nach dem Ansäuern fällt das Produkt sauber an.
Ausbeute: 2,7 g (66,82 %)
Schmp.:   175-7°C

3.4.1.2 Umsetzung des Esters mit Glycinmethylester-hydrochlorid zu 8

Arbeitsvorschrift wie in Punkt 3.2.1.1
Ansatz: 18,5 mmol
Ausbeute: quantitativ
Schmp.:   109-11°C

3.4.1.2 Umsetzung des Esters mit Glycin-t-butylester zu 10

Arbeitsvorschrift wie in Punkt 3.2.1.1
Ansatz: 9,6 mmol
Ausbeute: 2,2 g (55,82 %)
Schmp.:   119-20°C (Ethanol/Wasser)

3.5 2-Mercapto-4,6-dimethyl-pyrimidinthiolester-Methode

3.5.1 Versuch zur Herstellung des 2-Mercapto-4,6-dimethyl-pyrimidintholesters (16)

Arbeitsvorschrift wie in Punkt 3.1, III
Es konnte keine reine Verbindung hergestellt werden.

4. Abspaltung der S-(1-Adamantyl)-Gruppe vom S-(1-Adamantyl)cystein-System

4.1. Behandlung mit Trifluoressigsäure

4.1.1. mit kalter Trifluoressigsäure

4 g (12,2 mmol) des N-Acetyl-S-(1-adamantyl)cystein-ethylesters (2) werden 48 h bei Raumtemperatur in 80 ml Trifluoressigsäure stehengelassen. Das Lösungsmittel wird im Vakuum abdestilliert und der Rückstand aus Ethanol/Wasser umkristallisiert. Der Ester konnte quantitativ zurückgewonnen werden.

4.1.2 mit siedender Trifluoressigsäure

2 g (6,7 mmol) der α-Acetamino-β-(1-adamantylmercapto)-propionsäure (3) werden in 20 ml Trifluoressigsäure 2 h zum Rückfluß erhitzt. Anschließend wird das Lösungsmittel im Vakuum abdestilliert. Der Rückstand wird in einer verdünnten Natriumhydrogencarbonatlösung gelöst und die wäßrige Phase mit Essigester und Ether extrahiert. Die wäßrige Phase wird angesäuert. Die Ausgangsverbindung fällt quantitativ aus.

4.1.3 mit kalter Trifluoressigsäure/Bromwasserstoff

3 g (10 mmol) α-Acetamino-β-(1-adamantylmercapto)-propionsäure (3) werden in 88 ml Trifluoressigsäure

gelöst und es wird bei Raumtemperatur 12 h Bromwasserstoff eingeleitet. Anschließend wird die Reaktionsmischung 3 h zum Sieden erhitzt. Nach der Aufarbeitung wie in Punkt 4.1.2 konnte nur die Ausgangsverbindung isoliert werden.

4.1.4 Behandlung mit Trifluoressigsäure/Thiophenol

(Allgemeine Arbeitsvorschrift zur Abspaltung der (1-Adamantyl)gruppe mit Trifluoressigsäure und Thiophenol)

Zu einer Mischung aus Thiophenol und Trifluoressigsäure (30 ml) (10 %) wird die Cysteinverbindung zugegeben (10 mmol). Nach der Reaktion wurd das Lösungsmittel im Vakuum abdestilliert und der Rückstand in Ether aufgenommen, die etherische Phase mit verdünnter Natronlauge extrahiert und über Magnesiumsulfat getrocknet. Das Lösungsmittel wird im Vakkum abdestilliert und der Rückstand aus Ethanol umkristallisiert. Das Produkt konnte als (1-Adamantyl)phenylthioether identifiziert werden.

Die wäßrige Phase wird angesäuert zur Trockene eingeengt und anschließend im Hochvakuum getrocknet. Der Feststoff wird im Wasser gelöst und mit einer 0,1 N Jodlösung titriert(Bestimmung der freien Mercaptogruppe).

4.1.4.1. a von N-Acetyl-S-(1-adamantyl)cystein (3) bei Raumtemperatur

Ansatz:	10 mmol
Reaktionszeit:	1 Stunde
Temperatur:	Raumtemperatur
Ausbeute:	(1-Adamantyl)thioether 0,2 g (8,18 %)
	N-Acetylcystein 1,15 %

4.4.4.1.b S-(1-Adamantyl)cystein

Ansatz:	20 mmol
Reaktionszeit:	1,5 Stunden
Temperatur:	Raumtemperatur
Ausbeute:	(1-Adamantyl)thioether: 0,3 g (6,14 %)
	Cystein 0,48 %

4.1.4.2 von N-Acetyl-S-(1-adamantyl)cystein (3)
längere Reaktionszeit

Ansatz:	10 mmol
Reaktionszeit:	12 Stunden
Temperatur:	Raumtemperatur
Ausbeute:	(1-Adamantyl)thioether: 0,5 G (20,46 %)
	N-Acetylcystein: 32,99 %

4.1.4.3 von N-Acetyl-S-(1-adamantyl)cystein (3)
Siedetemperatur

Ansatz:	10 mmol
Reaktionszeit:	5 Stunden
Ausbeute:	(1-Adamantyl)thioether: 0,6 g (26,60 %)
	N-Acetylcystein: 100 %

4.1.5 Herstellung von (1-Adamantyl)thioether (17)

4.1.5.1 aus 1-Bromadamantan

Eine Mischung von 21,5 g (0,1 mol) 1-Bromadamantan, 100 ml 48 %ige Bromwasserstoffsäure, 150 ml Eisessig und 15 ml (0,145 mol) Thiophenol wird unter Rühren 12 h zum Rückfluß erhitzt. Nach Abkühlen wird die Reaktionsmischung auf Eis gegossen und die wäßrige Phase dreimal mit Ether extrahiert. Die organische Phase wird mit verdünnter Natronlauge und Wasser gewaschen und über Magnesiumsulfat getrocknet. Das Lösungsmittel wird im Vakuum abdestilliert und der Rückstand aus Ethanol umkristallisiert.

Schmp.:	67-9°C (Ethanol)
^{1}H-NMR (CDCl$_3$):	δ = 1.35-2.28 (m, 15H, Adamantanprotonen), 7.06-7.73 (m, 5H, Aromat) ppm
$C_{16}H_{20}O$ (244.39)	Ber. C 78.63 H 8.25
	Gef. C 78.39 H 8.36

4.1.5.2 aus 1-Hydroxyadamantan

Eine Mischung von 7,61 g (0,005 mol) 1-Hydroxyadamantan, 11,02 g (0,100 mol) Thiophenol und 60 ml Trifluoressigsäure wird bei Raumtemperatur 12 h gerührt. Die Säure wird im Vakuum abdestilliert und der Rückstand in Methylenchlorid gelöst. Die organsiche Phase wird neutral mit konz. Ammoniaklösung gewaschen.
Weitere Aufarbeitung wie in Punkt 4.1.5.1.

Ausbeute:	9,0 g (73,64 %)
Schmp.:	72-4°C (Ethanol)

4.1.6 Behandlung mit Trifluoressigsäure/2-Mercapto-4,6-dimethylpyrimidin

Arbeitsvorschrift wie in Punkt 4.1.4
Ansatz: 20 mmol N-Acetyl-S-(1-adamantyl)cystein

bzw. S-(1-Adamantyl)cystein
40 mmol 2-Mercapto-4,6-dimethyl-
pyrimidin-bzw.-hydrochlorid
100 ml Trifluoressigsäure

Reaktionszeit: 12 tunden
Temperatur: Raumtemperatur
Ausbeute in allen 4 Fällen: 0,3 g (5,47 %)

4.1.6.1 Darstellung von 2-Mercaptoadamantyl-(1)-4,6-dimethylpyrimidin (18)

Reaktionsführung und Aufarbeitung wie in Punkt 4.1.5.2

Ansatz: 14 g (0,1 mol) 2-Mercapto-4,6-dimethylpyrimidin
15,2 g (0,1 mol) 1-Hydroxyadamantan
120 ml Trifluoressigsäure

Ausbeute: 19,6 g (71,42 %)
Schmp.: 155-7°C (Essigester)
IR (KBr): 3050 (CH-Aromat), 1570, 1265 und 1250(Pyrimidin-Ring), 688 (C-S-st) cm^{-1}

^{1}H-NMR (CDCl$_3$): δ = 1.57-2.73 (m, 15H, Adamantan), 2.37 (s, 6H, CH$_3$), 6.60 (s, 1H, Aromat) ppm

^{13}C-NMR (CDCl$_3$): δ = 171.79 (s, S-$\underline{C}$-N$_2$) Pyrimidin, 166.34 (s, $\underline{C}$-CH$_3$) Pyrimidin, 115.31(d, J=164 Hz, C-Aromat), 49.46(s, C, Adamantan), 42.02 (t, J=130, CH$_2$-Adamantan), 36,56 (t, J=127, CH$_2$-Adamantan), 29.93
(d, J=134, CH-Adamantan), 23.82 (qr, J=127.5, CH$_3$-Pyrimidin) ppm

$C_{16}H_{22}N_2S$ (274.43) Ber. C 70.02 H 8.08 N 10.21
Gef. C 70.33 H 8.07 N 10.02

Die Umsetzung von 1-Bromadamantan mit 2-Mercapto-4,6-dimethylpyrimidin (Ausbeute 14 g, 52,47 %) und von 1-Hydroxyadamantan mit 2-Mercapto-4,6-dimethylpyrimidinhydrochlorid (Ausbeute 10,6 g, 38,63 %) sind nicht vollständig.

4.1.6.2 Darstellung von 2-Mercaptoadamantyl-(1)-pyrimidin (19)

Reaktionsführung und Aufarbeitung wie in Punkt 4.1.5.2
Ansatz: 11,8 g (0,105 mol) 2-Mercaptopyrimidin
               15,2 g (0,100 mol) 1-Hydroxyadamantan
               120 ml Trifluoressigsäure
Ausbeute: 18,1 g (73,47 %)
Schmp.:   115-8°C (Acetonitril)
IR (KBr):   1372, 1550 cm^{-1} (Pyrimidinring)

^{1}H-NMR (CDCl$_3$) :   δ= 1.53-2.60 (m, 15 H, Adamantan),
                        6.07 (t, J=5 Hz, 1H, Pyrimidin), 7.63
                        (d, J=5 Hz, 2H, Pyrimidin) ppm

C$_{14}$H$_{18}$N$_2$S (246.366) Ber. C 68.25   H 7.30   N 11.37
                              Gef. C 68.00   H 7.23   N 11.10

4.1.7 Behandlung mit Trifluoressigsäure/Phenol

20 mmol N-Acetyl-S-(1-adamantyl)cystein bzw. S-(1-Adamantyl)cystein werden mit 42,5 mmol Phenol und 35 ml Trifluoressigsäure versetzt und 16 h bei Raumtemperatur gerührt. Die Säure wird im Vakuum abdestilliert und der Rückstand in Methylenchlorid suspendiert. die organische Phase wird mit verdünnter Natronlauge extrahiert. Die wäßrige Phase wird mit Salzsäure angesäuert und mit Jod tritriert.

Ausbeute: N-Acetyl-S-(1-adamantyl)cystein 10,5 %
                   S-(1-Adamantyl)cystein   4,3 %

4.2 Behandlung mit Bromwasserstoffsäure

4.2.1 mit konzentrierter siedender Bromwasserstoffsäure

Arbeitsvorschrift wie in Punkt 1, Abschnitt II

Ansatz:	4,6 mmol α-Acetamino-β-(1-adamantyl-mercaptopropionsäureethylester (2)
Reaktionszeit:	4 Stunden
Temperatur:	Siedetemperatur
Schmp.:	110-3°C (Methanol)
Ausbeute:	0,75 g (75,58 %)
Produkt:	1-Bromadamantan

4.2.2 mit Bromwasserstoff/Eisessig bei Raumtemperatur

In 11 %igem Bromwasserstoff in Eisessig (80 ml) werden 2 g (6,1 mmol) des α-Acetamino-β-(1-adamantylmercapto)-propionsäureethylesters (2) gelöst und 13 Tage bei Raumtemperatur stehen gelassen. Danach wird die Reaktionsmischung auf Wasser gegossen und es fällt ein Feststoff aus, der als 1-Bromadamantan identifiziert werden konnte.

Ausbeute:	1,2 g (91,60%)
Schmp.:	114-6°C

4.2.2.a Behandlung mit Bromwasserstoff/Eisessig

0,6 g (2 mmol) N-Acetyl-S-(1-adamantyl)cystein werden

mit 88 ml 1-N-Bromwasserstoff in Eisessig versetzt und
nach 30 min. einer 1 N Jodlösung titriert.
Ausbeute: 16 %

4.3 Behandlung mit Chlorwasserstoffsäure

4.3.1 mit konstant siedender Chlorwasserstoffsäure

Arbeitsvorschrift wie in Punkt 1, II
Die freigewordene Mercaptofunktion wird zusätzlich mit
Jodlösung titriert.

Ansatz: 5,94 g (20 mmol) N-Acetyl-S-(1-adamantyl)
                                cystein (3)
Produkt: 1-Chloradamantan

4.3.1.a

Reaktionszeit: 1 Stunde
Ausbeute: 0,5 g (14,65 %) 1-Chloradamantan
               38,83 % N-Acetylcystein

4.3.1.b

Reaktionszeit: 7 Stunden
Ausbeute: 1,3 g (38,08 %) 1-Chloradamantan
                  60,65   N-Acetylcystein

4.3.1.c

Reaktionszeit: 24 Stunden

Ausbeute: 2,5 g (73,23 %) 1-Chloradamantan
81,18 % N-Acetylcystein

4.3.2 mit wasserfreiem Chlorwasserstoff in Eisessig

1,5 g (4,6 mmol) α-Acetamino-β-(1-adamantylmercapto)-propionsäureethylester (2) werden in 150 ml Eisessig gelöst und es wird trockener Chlorwasserstoff 12 h eingeleitet. Nach 72 h Stehen bei Raumtemperatur wird die Mischung auf Eis gegossen und mit Methylenchlorid extrahiert. Die organische Phase wird über Magnesium getrocknet und das Lösungsmittel wird dann im Vakuum abdestilliert. Es konnte die Ausgangsverbindung isoliert werden.

4.3.2.a mit wasserfreiem Chlorwasserstoff in Eisesssig (andere Aufarbeitungsmethode)

0,6 g (2 mmol) N-Acetyl-S-(1-adamantyl)cystein (3) werden in 120 ml 1 N Chlorwasserstofflösung in Eisessig gelöst und 30 min. bei Raumtemperatur reagieren lassen. Anschließend wird die Reaktionsmischung mit einer 0,1 N Jodlösung titriert.
Ausbeute: 17,56 %

4.4 Behandlung mit anderen sauren Reagenzien

4.4.1 mit Bortrifluoridetherat

2 g (6,7 mmol) N-Acetyl-S-(1-adamantyl)cystein (3) werden

in 50 ml Eisessig gelöst und mit 16,5 ml (134 mmol) Bortrifluorid-Etherat versetzt. Diese Mischung wird dann mehrere Tage bei Raumtemperatur aufbewahrt. Anschließend wird mit Natriumhydrogencarbonat neutralisiert und mit Ether extrahiert. Die wäßrige Phase wird angesäuert und mit einer 0,1 N Jodlösung titriert.
Ausbeute: 23,35 %

4.4.2 Versuch zur Spaltung der Schutzgruppe mit Phosphor und Jod

Eine Mischung von 125 ml Eisessig, 7,5 g rotem Phosphor, 2,5 g Jod und 2 g N-Acetyl-S-(1-adamantyl)cystein wird mit 2,5 ml Wasser versetzt und 2 h zum Rückfluß erhitzt. Die Reaktionsmischung wird durch warme Filtration vom Phosphor abgetrennt.
Es konnte kein 1-Jodadamantan isoliert werden.

4.4.3 Versuch zur Spaltung der Schutzgruppe mit 57%iger Jodwasserstoffsäure

2 g (6,7 mmol) N-Acetyl-S-(1-adamantyl)cystein werden in 50 ml Eisessig gelöst und mit 9 ml 57%iger Jodwasserstoffsäure (67 mmol) versetzt. Die Mischung wird bei Raumtemperatur 3 Tage gerührt, auf Wasser gegossen und mit Ether perforiert. Die Entstehung vom 1-Jodadamantan konnte nicht bewiesen werden.

4.5 Behandlung mit basischen Reagenzien

4.5.1 mit siedender Natronlauge

3,1 g (10 mmol) α-Acetamino-β-(1-adamantylmercapto)-propionsäureethylester (2) werden mit 10 g Natriumhydroxid in 200 ml abs. Ethanol 5 h zum Rückfluß erhitzt. Das Lösungsmittel wird im Vakuum abdestilliert und der Rückstand mit Wasser versetzt und angesäuert. Es fallen 1,6 g 1-Mercaptoadamantan an.

Ausbeute: 1,6 g (95,24 %)
Schmp.:   99-100°C

4.5.2 Versuch zur Spaltung mit Natrium in flüssigem Ammoniak

150 ml Ammoniak werden unter gleichzeitiger Einleitung von Stickstoff in einem 250 ml-Dreihalskolben mit KPG-Rührer verflüssigt. 8,9 g (30 mmol) N-Acetyl-S-(1-adamantyl)cystein (3) und 2,3 g (100 mmol) Natrium werden in den Kolben gegeben und eine Stunde gerührt. Das entstandene Natriumamid und Natriumreste werden durch Zugabe von Ammoniumchlorid versetzt. Wasser wird vorsichtig zugegeben und Ammoniak abgedampft. Die wäßrige Phase wird angesäuert, wobei quantitativ N-Acetyl-S-(1-adamantyl)cystein (3) ausfällt.

4.6 Behandlung mit Silber- und Quecksilbersalzen

4.6.1 mit Silbernitrat

1,22 g (3,8 mmol) des α-Acetamino-β-(1-adamantylmercapto)-propionsäureethylesters (2) werden in 35 ml DMF (bzw. Ethanol) unter leichtem Erwärmen gelöst. Zu der abgekühlten Lösung werden 2,53 g (15 mmol) Silbernitrat, 1,14 ml (15 mmol) Pyridin und 40 ml Methanol zugegeben. Nach Zugabe von 250 ml Wasser fällt kein Niederschlag aus.

4.6.2 mit Quecksilber (II) acetat

1 g (3 mmol) N-Acetyl-S-(1-adamantyl)cysteinethylester und 1,9 (6 mmol) Quecksilber(II)acetat in 75 ml Ethanol werden 16 h bei Raumtemperatur gerührt. Aus dieser Mischung fällt sogar nach Wasserzugabe keine Quecksilberverbindung aus.

4.6.3 mit Quecksilber (II) chlorid

0,3 g (1 mmol) N-Acetyl-S-(1-adamantyl)cysteinethylester (2) werden in 5 ml trockenem Ethanol gelöst und zu dieser Lösung werden 0,54 g (2 mmol) Quecksilber (II)-chlorid zugegeben. Die Reaktionsmischung wird 20 min. auf dem Wasserbad zum Rückfluß erhitzt. Es fällt keine Quecksilberverbindung aus.

IV. Anwendungen der (1-Adamantylsulfinyl)-Gruppe als Schutzgruppe für die Aminofunktion im Glycin

1. Darstellung N-(1-Admantylsulfinyl)glycinalkylester

1.1 Darstellung von N-(1-Adamantylsulfinyl)glycin-methylester (20)

(Allgemeine Arbeitsvorschrift)

7,91 g (63 mmol) Glycinmethylesterhydrochlorid werden in 150 ml abs. Methylenchlorid suspendiert, bei 0°C mit 8,37 ml (60 mmol) abs. Triethylamin versetzt und bei dieser Temperatur 10 min. gerührt. 6,5 g (30 mmol) Adamantan-sulfinsäure-(1)-chlorid in 100 ml abs. Methylenchlorid werden innerhalb einer halben Stunde unter Rühren zugetropft. Es wird weitere 16 h gerührt, wobei die Temperatur auf Raumtemperatur steigt. Der ausgefallene Hydrochlorid wird abgetrennt und das Lösungsmittel im Vakuum abdestilliert. Der Rückstand wird in 400 ml Ether aufgenommen und die organische Phase bis zur sauren Reaktion mit 10 %iger Zitronensäurelösung und anschließend mit Wasser schnell kalt gewaschen. Die etherische Lösung wird mit zweifacher Menge n-Pentan versetzt und 16 h im Kühlschrank aufbewahrt, wobei die Substanz sauber anfällt.

Ausbeute: quantitativ
Schmp.: 80-2°C (Ether/n-Pentan)
IR (KBr): 1750 (C=O st), 1135 (C-O st), 1060 (S=O st) cm^{-1}

^{1}H-NMR (CDCl$_3$): δ = 1.42-2.52 (m, 15H, Adamantan), 3.75-4.05 (m, 2H, CH$_2$-Glycin), 4.16-4.52 (m, 1H, NH) ppm

$C_{13}H_{21}NO_3S$ (271.37) Ber. C 57.53 H 7.80 N 5.16
                              Gef. C 57.47 H 7.78 N 5.26

1.1.1 nach der DCC-Methode

Arbeitsvorschrift wie in Punkt 3.1, III
Ansatz: 5,30 g (42 mmol) Glycinmethylesterhydro-
                             chlorid
           5,60 ml (40 mmol) Triethylamin
           8,00 g (40 mmol) Adamantansulfinsäure-(1)
                   in 180 ml abs. Methylenchlorid
           8,30 g (40 mmol) DCC
Ausbeute: 3,4 g (32,3 %)
Schmp.:   79-81°C (Ether/n-Pentan)

1.2 Darstellung von N-(1-Adamantylsulfinyl)glycinethylester (21)

1.1.2 mit Triethylamin als Base

Arbeitsvorschrift wie in Punkt 1.1, IV
Ausbeute : 5,28 g (61,7 %)
Schmp.:   35-8°C (n-Pentan/Ether)

^{1}H-NMR (CDCl$_3$): δ = 1.28 (t, J=7 Hz, 3H, CH$_3$-Ester),
           1.53-2.33 (m, 15H Adamantan), 3.67-4.00
           (m, 2H, CH$_2$-Glycin), 4.22 (q, J=7 Hz, 2H,
           CH$_2$-Ester) ppm

$C_{14}H_{23}NO_3S$ (285,39) Ber. C 58.92 H 8.12 N 4.91
                              Gef. C 58.24 H 8.15 N 5.08

1.2.2 mit Glycinethylester als Base

9,5 g (43,6 mmol) Adamantansulfinsäure-(I)chlorid werden in 100 ml abs. Methylenchlorid gelöst und mit Eis gekühlt. Zu dieser Mischung werden 10 g (96,9 mmol) Glycinethylester in 100 ml abs. Methylenchlorid langsam zugetropft. Die Aufarbeitung erfolgt wie in Punkt 1.1., IV.

Ausbeute : 2,9 g (23,3 %)
Schmp.: 35-8°C (n-Pentan/Ether)

1.2.3 nach der DCC-Methode

Arbeitsvorschrift wie in Punkt 3.1, III
Ansatz: 30 mmol
Ausbeute: 3 g (35,04 %)
Schmp.: 36-8°C (Ether/n-Pentan)

1.3 Darstellung von N-(1-Adamantylsulfinyl(glycin-t-butylester (22)

1.3.1 mit t-Butylglycin als Base

Arbeitsvorschrift wie in Punkt 1.1, IV
Ansatz: 7,3 g (33 mmol) Adamantansulfinsäure-(1)-chlorid
9,7 g (74 mmol) Glycin-t-butylester in 250 ml abs. Methylenchlorid
Ausbeute: 10,4 g (94,9 %)
Schmp.: 80-2°C (n-Hexan)

^{1}H-NMR (CDCl$_3$) δ = 1.48 (s, 9H, t-Butyl), 1.57-2.35

(m, 15H, Adamantan), 3.67-3.85 (m, 2H, CH$_2$), 4.00-4.38 (m, 1H, NH) ppm

C$_{16}$H$_{27}$NO$_3$S (313.45) Ber. C 61.68 H 8.68 N 4.47
                                  Gef. C 57.95 H 8.77 N 4.40

1.3.2 nach der DCC-Methode

Arbeitsvorschrift wie in Punkt 3.1, III
Ansatz: 30 mmol
Ausbeute: 4,5 g (47,9 %) öliges Produkt

2. Herstellung von N-(1-Adamantylsulfinyl)glycin (23)

2.1 durch Verseifung von N-(1-adamantylsulfinyl)glycin-methylester (20)

Arbeitsvorschrift wie in Punkt 2.2.a.1, III
Ansatz: 90 mmol
Ausbeute: 15,5 g (66,92 %)
Schmp.:   136-7°C (Ether/n-Pentan)

^{1}H-NMR (d$_8$-DMSO): δ =1.47-2.33 (m, 15H, Adamantan), 3.47-3.85 (m, 2H, CH$_2$-Glycin), 5.25-5.65 (m, 1H, NH), 10.13-11.13 (br, m, 1H, Säure) ppm

C$_{12}$H$_{19}$NO$_3$S (257.34) Ber. C 56.00 H 7.44 N 5.44
                                 Gef. C 55.91 H 7.45 N 5.66

2.2 durch direkte Umsetzung im Zwei-Phasen-System

10,94 g (50 mmol) Adamantansulfinsäure-(1)-chlorid werden

in 200 ml Methylenchlorid gelöst und mit einer Lösung von
3,75 g (50 mmol) Glycin und 8 g (200 mmol(Natriumhydroxid
in 150 ml Wasser durch schnelles Rühren (100 U/min) in
Suspension 6 h lang gehalten. Anschließend werden die beiden
Phasen getrennt und die wäßrige Phase wird mit Methylenchlorid mehrmals extrahiert. Nach Ansäuern mit Salzsäure
wird mit Ether mittels eines Rotationsperforators extrahiert. Der etherische Extrakt wird mit n-Pentan versetzt
und bei 0°C kristallisieren weiße Kristalle aus.

Ausbeute: 2,6 g (20,21 %)
Schmp.:   136-42°C (Ether/n-Pentan)

3. Herstellung der Peptidbindung

3.1 nach der DCC-Methode

3.1.1 Darstellung von N-[N-(1-Adamantylsulfinyl)-glycinyl]-glycinylmethylester (24)

Arbeitsvorschrift wie in Punkt 3.1, III
Ansatz: 35 mmol
Nach vielen Versuchen konnte die Substanz leider nicht
in kristalline Form überführt werden.
Ausbeute: 10,7 g (93,16 %)

^{1}H-NMR (CDCl$_3$): δ = 1.47-2.63 (m, 15H, Adamantan),
3,77 (s, 3H, CH$_3$-Ester(, 3,82-4,40 (m, 4H
2xCH$_2$-Glycin), 4.70-5.22 (br.m, 1H, NH),
7.37-8.03 (br., 1H, NH) ppm

$C_{15}H_{24}N_2O_4S$ (328.43)   Ber. C 54.85   H 7.37   N 8.53
                                  Gef. C 54.63   H 7.48   N 8.21

3.1.2 Darstellung von N-[N-(1-Adamantylsulfinyl)-glycinyl]glycinethylester (25)

Arbeitsvorschrift wie in Punkt 3.1, III
Ansatz: 20 mmol
Nach vielen Versuchen konnte die Substanz leider nicht in kristalline Form überführt werden.
Ausbeute: 6,8 g (99,28%)

^{1}H-NMR (CDCl$_3$) : δ = 1.27 (t, J=7 Hz, 3H, CH$_3$-Ester), 1.50-2.52 (m, 15H, Adamantan), 3.67-4.47 (m, 6H, 2 CH$_2$ Glycin, CH$_2$-Ester), 4.87-5.37 und 7.60-7.97 (m, 2H, NH) ppm

C$_{16}$H$_{26}$N$_2$O$_4$S (342.46)   Ber. C 56.11   H 7.65   N 8.18
                                       Gef. C 55.29   H 7.80   N 7.49

3.1.3 Darstellung von N-[N-(1-Adamantylsulfinyl)-glycinyl]glycin-t-butylester (26)

Arbeitsvorschrift wie in Punkt 3.1, III
Ausbeute: 7,0 g (94,47 %)
Schmp.:   127-30°C (Essigester/n-Pentan)

^{1}H-NMR (CDCl$_3$) : δ = 1.48 (s, 9H, t-Butyl), 1.58-2.37 (m, 15H, Adamantan), 3.73-4.12 (m, 4H, CH$_2$-Glycin), 4.98-5.32 und 7.55-7.87 (m, 2H, NH) ppm

C$_{18}$H$_{30}$N$_2$O$_4$S (370.51)   Ber. C 58.35   H 8.16   N 7.56
                                       Gef. C 59.30   H 8.25   N 7.45

3.2 Nach der Methode der aktiven Ester

3.2.1 Darstellung des p-Nitrophenylesters (27)

Arbeitsvorschrift wie in Punkt 3.1, III
Ansatz: 20 mmol
Lösungsmittel: Acetonitril
Ausbeute: 5,5 g (72,67 %)
Schmp.:   60°C sintert 129-31°C (Z).

^{1}H-NMR (CDCl$_3$) : δ = 1.43-2.50 (m, Adamantan), 4.03.4.73 (m, 3H, NH und CH$_2$-Glycin), 7.23-7.53 und 8.10-8.40 (m, 2x2H Aromat) ppm

C$_{18}$H$_{22}$N$_2$O$_5$S (378.45)   Ber. C 57.12   H 5.86   N 7.40
                                        Gef. C 57.41   H 6.66   N 5.38

3.2.1.1 Umsetzung des Esters zu 24

Arbeitsvorschrift wie in Punkt 3.2.1.1, III
Ansatz: 7,4 mmol
Reaktionszeit: 48 Stunden
Ausbeute: 1,4 g (60,65 %)

3.2.1.2 Umsetzung des Esters zu 26

Arbeitsvorschrift wie in Punkt 3.2.1.1, III
Ansatz: 6 mmol
Reaktionszeit: 48 Stunden
Ausbeute: 1,41 g (62,7 %)
Schmp.:   80-5°C (Essigester/n-Pentan)

3.2.2 Darstellung des 2,4,6-Trichlorphenylester (28)

Arbeitsvorschrift wie in Punkt 3.1, III

Ansatz   20 mmol
Ausbeut: 5,2 g (59,53 %)
Schmp.:   94°C sintert 110-5°C (Methylenchlorid/
                                      n-Pentan)

^{1}H-NMR (CDCl$_3$) : δ = 1.47-2.47 (m, Adamantan), 4.00-4.37 (m, 3H, CH$_2$-Gycin und NH), 7.20-7.43 (m, 2H, Aromat) ppm

Die Elementaranalyse weicht von theoretischen Werten stark ab.

3.2.2.1 Umsetzung des Esters zu 26

Ansatz: 5 mmol
Ausbeute: 1,52 g (82,1 %)
Schmp.:   62-5°C sintert, 112-5°C (Methylenchlorid/
                                         n-Pentan)

3.2.3 Darstellung des 2,4,5-Trichlorphenylesters (29)

Arbeitsvorschrift wie in Punkt 3.1, III
Ausbeute: 6,1 g (69,83 %)
Schmp.:   75°C sintert 110-5°C (Methylenchlorid/
                                      n-Pentan)

^{1}H-NMR (CDCl$_3$) : δ = 1.40-2.47 (m, Adamantan), 4.00-4.60 (m, 3H, CH$_2$-Glycin, NH), 7.23-7.63 (m, 2H, Aromat) ppm

$C_{18}H_{20}NO_3SCl_3$ (436.78) Ber. C 49.49 H 4.62 N 3.21
                                  Gef. C 50.24 H 4.84 N 7.79

3.2.3.1 Umsetzung des Esters zu 26

Arbeitsvorschrift wie in Punkt 3.2.1.1, III
Ansatz: 8,9 mmol
Reaktionszeit: 17 Stunden
Ausbeute: 2,3 g (69,5 %)
Schmp.:   40-50°C (Essigester/n-Pentan)

3.2.4 Darstellung des N-Hydroxysuccinimidesters (30)

Arbeitsvorschrift wie in Punkt 3.1, III
Rohausbeute: quantitativ
Für die Analysen wurde aus Methylenchlorid/n-Pentan umkristallisiert.
Schmp.:   131-4°C (Z) (Methylenchlorid/n-Pentan)

^{1}H-NMR (CDCl$_3$) : δ = 1.43-2.37 (m, 15H, Adamantan), 2.87 (s, 4H, CH$_2$-Sccinimid), 4.07-4.73 (m, 3H, CH$_2$- Glycin und NH) ppm

$C_{16}H_{22}N_2O_5S$ (354.43) Ber. C 54.22 H 6.26 N 7.91
                                Gef. C 54.13 H 6.55 N 7.91

3.2.4.1 Umsetzung des Esters zu 24

Arbeitsvorschrift wie in Punkt 3.2.1.1, III
Ansatz: 9,5 mmol
Lösungsmittel: 50 ml Dimethoxyethan und 50 ml DMF
Ausbeute :   0,80 g (25,2 %)

3.2.4.2 Umsetzung des Esters zu 26

Arbeitsvorschrift wie in Punkt 3.2.1.1, III
Ansatz: 6,5 mmol
Reaktionszeit: 16 Stunden

Ausbeute: 0,8 g (32,2 %) .
Schmp.:   45-55°C

3.2.5 Darstellung des 2-Mercapto-4,6-dimethylpyrimidin-thiolesters (31)

Arbeitsvorschrift wie in Punkt 3.1, III
Ansatz: 40 mmol
Ausbeute: 6,6 g (43 %) öliges Produkt

^{1}H-NMR (CDCl$_3$) : δ = 1.7-1.9 (m, 15H, Adamantan), 2.4 (s, 6H, CH$_3$-Protonen), 4.2 (s, 2H, CH$_2$-Gly-Protonen), 6.8 (s, 1H, Pyrimidin) ppm

4. Abspaltung der (1-Adamantylsulfinyl)-Gruppe

4.1 mittels Bromwasserstoff/Eisessig

9 g (34,97 mmol) n-(1-Adamantylsulfinyl)glycin werden mit einer frisch hergestellten Mischung aus 30 ml 48% Bromwasserstoffsäure und 118 ml Essigsäureanhydrid (genau auf den Wassergehalt berechnet und durch Zutropfen der Bromwasserstoffsäure zum Anhydrid bei 0°C hergestellt) versetzt und 5 h reagieren lassen. Die Säure wird im Vakuum bei 40°C abdestilliert und der Rückstand mit 3 x 200 ml Ether extrahiert.
Die etherische Phase wird im Vakuum eingedampft und der Rückstand bei 100°C im Wasserstrahlvakuum sublimiert. Nach zweimaligem Sublimieren konnte der Feststoff als 1-Bromadamantan identifiziert werden.

Ausbeute: 5,8 g (77,09 %)
Schmp.: 110-2°C

4.2 mittels Thiophenol/Trifluoressigsäure

2,57 g (10 mmol) des N-(1-Adamantylsulfinyl)glycins werden mit 5,5 g (30 mmol) Thiophenol und 30 ml Trifluoressigsäure versetzt und 3 h bei Raumtemperatur gerührt. Das Lösungsmittel wird im Vakuum abdestilliert und der Rückstand mit Ether extrahiert. Asu der etherischen Phase konnte 1-Adamantylsulfinsäurethiophenylester (32) isoliert werden (stark verschmutzt mit Thiophenol):

Ausbeute: 0,23 g (7,86 %)
Schmp.: 57-9°C

4.2.1 Darstellung von 1-Adamantansulfinsäurethiophenylester (32)

Es wird die Methode nach C. J. Cavallito (Lit. 22) angewendet.

Ansatz: 4,4 g (40 mmol) Thiophenol
3,7 g (45,5 mmol) abs. Pyridin
in 60 ml Ether
8,8 g (40 mmol) Adamantansulfinsäure-(1)-chlorid in 40 ml Ether

Reaktionszeit: 16 Stunden
Ausbeute: 11.0 g (94,03 %)
Schmp.: 78-80°C (Methylenchlorid/n-Pentan)

^{1}H-NMR (CDCl$_3$) : δ = 1.58-2,42 (m, 15H, Adamantyl), 7.20-7.75 (m, 5H, Aryl) ppm

IR (KBr) : 750 (S-O st), 1080 (S=O st) cm^{-1}

$C_{16}H_{20}OS_2$ (292.45) Ber. C 65.71 H 6.89
                            Gef. C 65.51 H 7.01

V. Andere "adamantanhaltige" Schutzgruppen

1. Adamantyl-(1)-oxycarbonyl

1.2 Darstellung von (1-Adamantyl)-4,6-dimethyl-2-thiolcarbonat (33)

47,80 g (314 mmol) 1-Hydroxyadamantan werden in 200 ml Pyridin gelöst und nach Abkühlen auf -40°C 95,5 g (471,21 mmol) 4,6-Dimethylpyrimidyl-2-thiolchlorformat in drei Portionen zu dieser Mischung unter Stickstoff zugegeben. Die Reaktionstemperatur steigt zeitweise auf -5°C. Die Reaktionsmischung wird 3 h bei -40°C gerührt und dann 48 h bei Raumtemperatur. Der ausgefallene Feststoff wird durch Filtration unter Vakuum abgetrennt und mit Essigester nachgewaschen. Die organische Phase wird auf 700 ml Eis-Wasser-Gemisch gegeben und die wäßrige Phase dreimal mit Essigester gewaschen. Die vereinigten organischen Phasen werden mit 100 ml Portionen einer 3 N Salzsäure bis zur sauren Reaktion kalt gewaschen und anschließend mit ges. Natriumchloridlösung, über Magnesiumsulfat getrocknet und das Lösungsmittel wird im Vakuum abdestilliert.

Rohausbeute: 63,40 g (63,41 %)
Schmp.:   110-3°C (Aceton/n-Hexan)

^{1}H-NMR (CDCl$_3$): δ = 1.43-2.33 (m, 15H, Adamantan), 2.50 (s, 6H, 2x Methyl), 6.97 (s, 1H, Aromat) ppm

$C_{17}H_{22}N_2O_2S$ (318.44)   Ber. C 64.12 H 6.97
                                 Gef. C 64.29 H 7.05

1.2.1 Umsetzung von (1-Adamantyl)-4,6-dimethyl-
       pyrimidyl-2-thiolcarbonat (33)

1.2.1.1 mit Glycin

1,33 g (17,7 mmol) Glycin und 3,70 ml (26,55 mmol) Triethylamin werden in 9.7 ml Wasser gelöst und zu dieser Mischung wird eine Lösung von 6,2 g (19,47 mmol) (1-Adamantyl)-4,6-dimethyl-pyrimidyl-2-thiolcarbonat (33) in 20 ml Dioxan auf einmal bei Raumtemperatur zugegeben und 18 h bei Raumtemperatur gerührt. Die Reaktionsmischung wird mit 100 ml Wasser versetzt, mit zweimal 40 ml Essigester gewaschen, auf 0°C abgekühlt und mittels 5 N Salzsäure auf pH 2 gebracht (pH-Mether). Das ausgefallene öliges Produkt wird zusammen mit der wäßrigen Phase mit dreimal 50 ml Ethylacetat extrahiert und die vereinigten Ethylacetat-Phasen mit zweimal 20 ml verd. Salzsäure und zweimal 40 ml ges. Natriumchlorid-Lösung kalt gewaschen. Die Lösung des Produktes wird über Natriumsulfat getrocknet und nach Abdestillieren des Lösungsmittels fällt das Produkt in großer Reinheit an. Zur weiteren Reinigung wird aus Wasser umkristallisiert.

Ausbeute: 3 g (66,92 %)
Schmp.:   140-1°C (Wasser)(Lit. 11)

1.2.1.2 mit Serin

Arbeitsvorschrift wie in Punkt 1.2.1.1
Ansatz: 10 mmol Serin
Ausbeut: 2,8 g (98,8 %) Adamantyl-(1)-oxycarbonyl-
                                                serin
Schmp.:   68-72°C (66,71°C Lit. 11)

1.2.1.3 mit Prolin

Arbeitsvorschrift wie in Punkt 1.2.1.1
Ansatz: 10 mmol Prolin
Ausbeute: 2,8 g (95,5 %) Adamantyl-(1)-oxycarbonyl-
                                prolin
Schmp.:   148-50°C (154-6°C, Lit. 11)

2. (1-Adamantylmercapto)-Gruppe

2.1 Darstellung von 1-Adamantansulfinsäure-1-adamantan-thiolester

Es wird die Methode nach C.J. Cavallito (Lit. 22) angewendet.
Ansatz: 6,7 g (40 mmol) 1-Mercaptoadamantan)
                8,8 g (40 mmol) Adamantansulfinsäure-(1)-
                                chlorid
                3,64 ml (45 mmol) Pyridin
Ausbeute: 7,4 g (52,77 %)
Schmp.:   245-8°C (Ethanol)(240-1°C, Lit. 23)

2.1.1 Versuch zur Umsetzung mit Cysteinhydrochlorid

2,5 g (7,1 mmol) 1-Adamantansulfinsäure-1-adamantylthiolester in 20 ml abs. Ethanol werden mit 2,3 g (14,3 mmol) Cysteinhydrochlorid in 15 ml abs. Ethanol versetzt und 2 Tage bei Raumtemperatur gerührt. Nach Versetzen mit Ether konnte nur unumgesetzter Cysteinhydrochlorid isoliert werden. Aus der Mutterlauge wird die Adamantanverbindung isoliert.

3. (1-Adamantylsulfinyl)-Gruppe

3.1 Darstellung von (1-Adamantyl)-4,6-dimethyl-pyrimidyl-2-thiolsulfinat (34)

Ansatz: 29,44 g (0,210 mmol) 2-Mercapto-4,6-dimethyl-pyrimidin
32,0 ml (0,400 mmol) Pyridin
43,76 g (0,200 mmol) Adamantansulfinsäure-(1)-chlorid

2-Mercapto-4,6-dimethylpyrimidin wird in 300 ml abs. Ether suspendiert und Pyridin zugegeben. Die Reaktionsmischung wird auf -20°C abgekühlt und es werden 43,7 g Adamantan-sulfinsäure-(1)-chlorid in 200 ml abs. Ether innerhalb einer Stunde zugetropft. Anschließend wird 16 h bei Raumtemperatur gerührt. Die Reaktionsmischung gibt man auf 10 ml verd. Schwefelsäure und 100 ml Wasser und soviel Methylenchlorid, daß sich zwei klare Phasen bilden und mit 5 ml verd. Schwefelsäure und 50 ml Wasser kalt so lange gewaschen, bis die anorganische Phase sauber bleibt. Es wird über Natriumsulfat getrocknet und das Lösungsmittel im Vakuum abdestilliert. Der verbleibende Rückstand wird in 100 ml Methylenchlorid gelöst und mit 400 ml n-Pentan versetzt, auf 0°C abgekühlt und mit 400 ml n-Pentan versetzt. Der Feststoff wird abgesaugt. Man erhält 39.9 g einer Substanz mit dem Schmp. 133-6°C. Die Mutterlauge wird eingeengt und der Rückstand nach 12 h im Kühlschrank noch 14 g der Substanz an.

Geamtausbeute: 53,9 g (83,57 %)
Schmp.: 133-6°C

^{1}H-NMR (CDCl$_3$) : δ = 1.50-2.70 (m, 15H, Adamantan), 2.47 (s, 6H, CH$_3$-Protonen), 6.73-6.97 (m, 1H, Pyrimidin) ppm

$C_{16}H_{22}N_2OS_2$ (322,49) Ber. C 59.59 H 6.88 N 8.69
                                Gef. C 60.41 H 7.01 N 8.57

3.1.1 Versuch zur Umsetzung mit Glycin

Arbeitsvorschrift wie in Punkt 1.2.1.1.
Ansatz: 2,3 g (30 mmol) Glycin
             6,3 ml (45 mmol) Triethylamin in 17 ml
                 Wasser
             10,6 g (33 mmol) (1-Adamantyl)-4,6-di-
                 methylpyrimidyl-2-thiol-
                 sulfinat in 65 ml Dioxan

Es konnte nur die Ausgangsverbindung isoliert werden.

C. <u>Über N-Adamantyl-substituierte Heterocyclen</u>

Im ersten Teil der Arbeit wurden verschiedene Synthesemöglichkeiten für Aziridinone untersucht.

1-Aminoadamantan reagierte mit Ketendiethylacetal in Gegenwart von Bleitetraacetat nicht zum erwarteten 1-(1-Adamantyl)-2.2-diethoxy-aziridin; vielmehr war das Essigsäureethylester-N-(1-adamantyl)-imid <u>1</u> entstanden (Lit. 24). Das Oxidationsmittel hatte offensichtlich nur den entstandenen Alkohol oxidiert.

Durch Phasentransferkatalyse erzeugtes Dichlorcarben wurde mit den Schiff'schen Basen von 1-Aminoadamantan mit Benzaldehyd und Isobutyraldehyd umgesetzt. Die erwarteten 1-(1-Adamantyl)-2.2-dichlor-aziridine waren aber derart hydrolyseempfindlich, daß nur die entsprechenden 2-Chlorcarbonsäure-N-(1-adamantyl)-amide <u>2,3</u> isoliert werden konnten (Lit. 25).

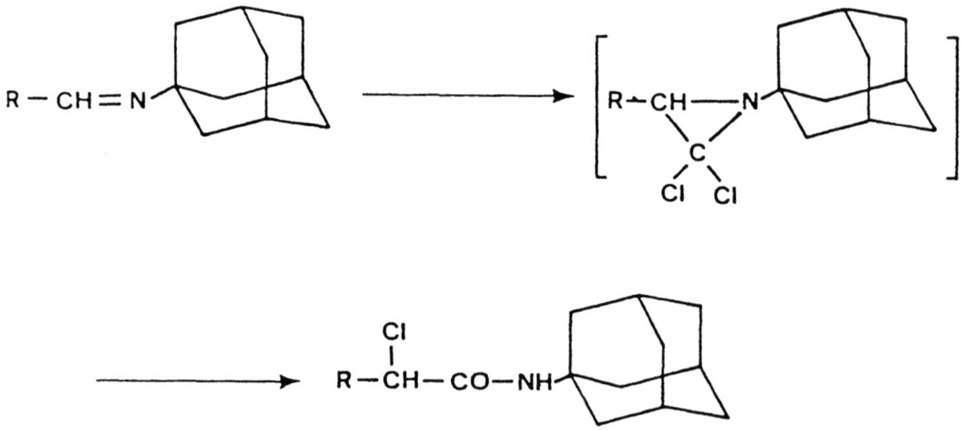

<u>2</u>: R = C_6H_5

<u>3</u>: R = $CH(CH_3)_2$

Weiterhin sollten Aziridinone durch Stickstoff-Abspaltung aus entsprechenden v-Triazolen erhältlich sein. Eine Überprüfung dieser Synthesemöglichkeit scheiterte an der Tatsache, daß es nicht gelang, eine geeignete Synthese für das als Ausgangssubstanz benötigte Triazolsystem zu finden. Die 1.3-dipolare Cycloaddition von 1-Azidoadamantan an verschiedene Dipolarophile lieferte nur die Ausgangsprodukte.

Ebenfalls negativ verlief der Versuch, das 2-Acetaminopropionsäure-N-(1-adamantyl)-amid über die Stufe der Diazoverbindung intramolekular zum v-Triazol zu cyclisieren.

Bessere Resultate wurden bei der Dehydrobromierung von 2-Brom-carbonsäure-N-(1-adamantyl)-amiden 11,12,13 mit Kalium-tert.-butylat erzielt.

$\underline{11}, \underline{15}$: $R^1 = R^2 = CH_3$
$\underline{12}$: $R^1 = H$, $R^2 = CH(CH_3)_2$
$\underline{13}$: $R^1 = H$, $R^2 = CH_2-CH(CH_3)_2$

Es gelang, das 1-(1-Adamantyl)-3.3-dimethyl-aziridionen 15 in Substanz zu isolieren, die beiden anderen Aziridinone konnten durch Infrarotspektroskopie nachgewiesen werden.
Das 1-(1-Adamantyl)-3-benzyl-aziridinon unterlag während

der Darstellung einer Ringöffnung, die als Produkt das
Zimtsäure-N-(1-adamantyl)-amid 16 lieferte.
Das 1-(1-Adamantyl)-3.3-dimethyl-aziridinon 15 konnte mit
Benzylamin und Aminoessigsäureethylester glatt zu den erwarteten 2-Alkylamino-carbonsäure-N-(1-adamantyl)-amiden
18,19 umgesetzt werden (Lit. 26).

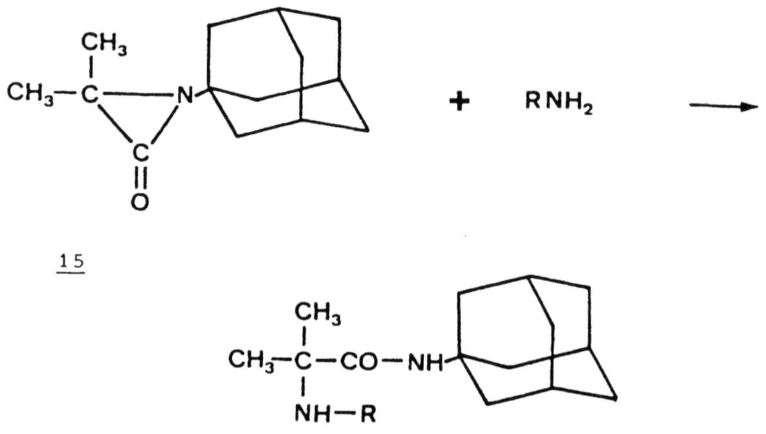

15

18: R = $CH_2-COOC_2H_5$

19: R = $CH_2-C_6H_5$

Im zweiten Teil der Arbeit wurden neue Synthesen von
N-Adamantyl substituierten Ethylen- und Propylen- 1.3-
diaminen beschrieben, die sich besonders zum Aufbau von
stickstoffhaltigen Heterocyclen eigneten.

Die Darstellung des N.N'-Di-(1-adamantyl)-ethylendiamins
21 gelang durch Umsetzung von Gyoxal mit 1-Aminoadamantan
und anschließender Natriumborhydrid-Reduktion.
Das Diamin reagierte mit Formaldehyd, Methylglyoxal und
Phenylglyoxal zu in 2-Stellung substituierten Imidazolidinen 22,23,24.

Für das N.N'-Di-(1-adamantyl)-propylen-1.3-diamin 35 wurde mit der zweifachen Addition von 1-Aminoadamantan an Acrolein und nachfolgender Reduktion ein neuer Syntheseweg ausgearbeitet (Lit. 28).

Es reagierte wie das disubstituierte Ethylendiamin mit Formaldehyd zu 36 , die Umsetzungen mit anderen Aldehyden verliefen nicht in der gewünschten Weise.

Die Cyanethylierung von 1-Aminoadamantan und Lithiumaluminiumhydrid-Reduktion des Additionsproduktes führte zum N-(1-Adamantyl)-propylen-1.3-diamin 39 , das mit Formaldehyd zum 1-(1-Adamantyl)-hexahydropyrimidin 40 kondensiert werden konnte (Lit. 29).

NH—(CH$_2$)$_3$—NH$_2$ +   H$_2$CO   ⟶

39   40

N-(1-Adamantyl)-propylen-1.3-diamin 39 reagierte mit 2-Adamantanon in schon beschriebener Weise zum erwarteten Produkt 43 , das mit Formaldehyd zum 1-(1-Adamantyl)-3-(2-adamantyl)-hexahydropyrimidin cyclisiert 44 werden konnte.

Mit Phthalsäureanhydrid entstand das N-(3-Phthalimido-propyl)-1-aminoadamantan 41 , das mit Bromessigsäure-ethylester am Stickstoff zu 42 alkyliert werden konnte.

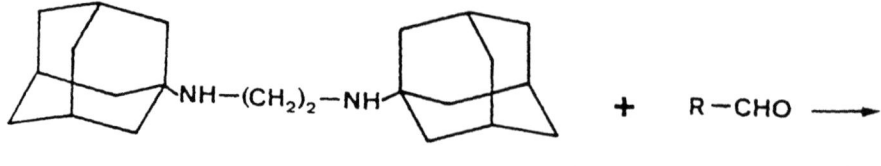

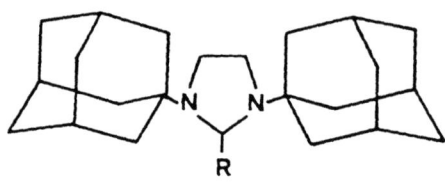

22: R = H

23: R = CH$_3$

24: R = C$_6$H$_5$

Für das N-(1-Adamantyl)-ethylendiamin 30 wurde mit der Lithiumaluminiumhydrid-Reduktion des (1-Adamantylamino)--essigsäureamids 32 ein neuer Syntheseweg gefunden (Lit. 27).

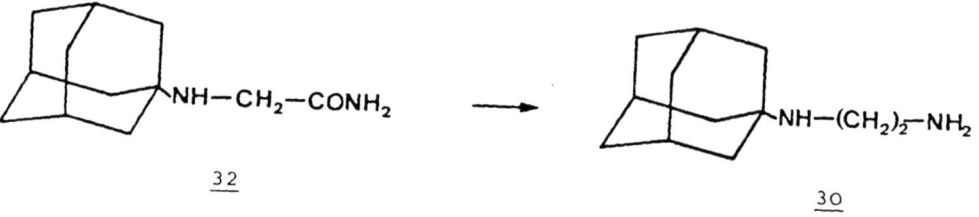

Es konnte durch Kondensation mit 2-Adamantanon und anschließender Natriumborhydrid-Reduktion zum N-(1-Adamantyl)-N'-(2-adamantyl)-ethylendiamin 33 umgesetzt werden, das mit Formaldehyd zum cyclischen Aminal 34 weiterreagierte.

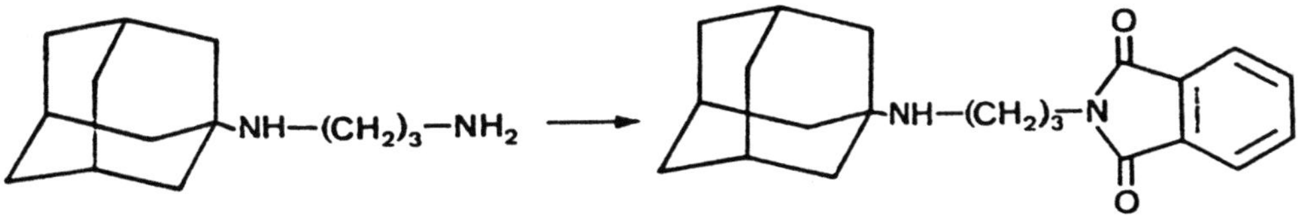

[Structure 39]: Adamantyl-NH-(CH₂)₃-NH₂

→

[Structure 41]: Adamantyl-NH-(CH₂)₃-N(phthalimide)

→

[Structure 42]: Adamantyl-N(-(CH₂)₃-N(phthalimide))-CH₂-CO₂C₂H₅

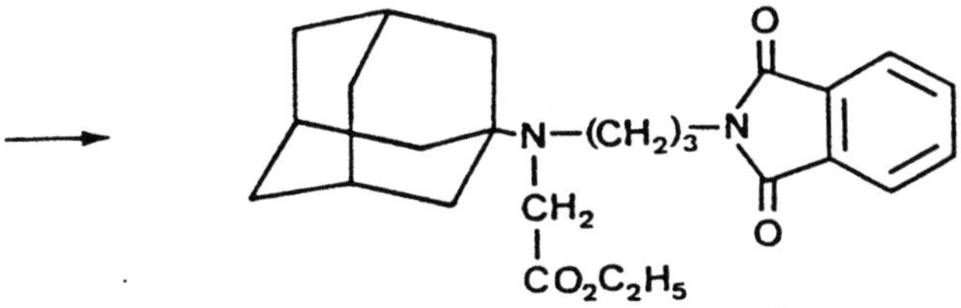

EXPERIMENTELLER TEIL

Allgemeines

Das als Lösungsmittel verwendete Ethanol wurde ohne weitere Reinigung eingesetzt.
Diethylether wurde mit Kaliumhydroxid vorgetrocknet und über Natriumhydrid destilliert.
Tetrahydrofuran wurde mit Eisen-II-sulfat und Kaliumhydroxid behandelt und über Natriumhydrid destilliert.
Methylenchlorid wurde über Kaliumcarbonat getrocknet und destilliert.

Die angegebenen Schmelzpunkte wurden in dem Schmelzpunktbestimmungsapparat Büchi 510 der Firma Büchi ermittelt und sind wie die Siedepunkt- und Druckangaben unkorrigiert.

Die in der Arbeit angegebenen ^{1}H-NMR-Spektren wurden mit dem Protonenresonanzspektrometer Varian T 60 mit TMS als innerem Standard aufgenommen.
Zur Aufnahme der IR-Spektren diente ein Leitz-Gitterspektrograph III G.

1. **Darstellung von Essigsäureethylester-N-(1-adaman-tyl)-imid 1**

In einem 100 ml Kolben werden 5.0 g (43.1 mmol) Ketendiethylacetal und 6.5 g (43 mmol) 1-Aminoadamantan in 50 ml trockenem Methylenchlorid 16 h unter Feuchtigkeitsausschluß zum Rückfluß erhitzt. Man zieht das Lösungsmittel ab und kristallisiert den Rückstand aus 30 ml Ethanol um.

Ausbeute: 3.2 g ≙ 33.7 % d. Th.
Schmp.: 76-77 °C
IR (CHCl$_3$): 1680 cm^{-1} (C=N)
^{1}H-NMR (CDCl$_3$): δ(ppm) 3.93 (q, J=7 Hz; 2H, OC$\underline{H}_2$CH$_3$)
2.25-1.47 (m, 18H, Adamantanprotonen, C$\underline{H}_3$)
1.20 (t, J=7 Hz; 3H, OCH$_2$C$\underline{H}_3$)

$C_{14}H_{23}NO$ (221.3)
Ber.: C 75.96   H 10.47   N 6.33
Gef.: C 75.74   H 10.67   N 6.46

2. **Darstellung von 2-Chlorcarbonsäure-N-(1-adamantyl)-amiden**

2.1 **Darstellung von Phenyl-chloressigsäure-N-(1-adaman-tyl)-amid 2**

In einem 250 ml Dreihalskolben mit Rührer und Luftkühler werden 23.9 g (100 mmol) Benzyliden-1-aminoadamantan, 140 ml Chloroform und 0.5 g Benzyltriethylammoniumchlorid vorgelegt und im Eisbad gekühlt. Zu der gekühlten Mischung läßt man unter kräftigem Rühren 100 g 50 %ige Natriumhydroxid-Lösung zulaufen. Der Reaktionsansatz wird über Nacht bei ca. 1000 U/min. gerührt, wobei er sich auf Raumtemperatur erwärmt. Man gießt auf 1.2 l Wasser und trennt die Chloroform-Phase ab. Die wäßrige Phase wird zweimal mit je 150 ml Chloroform extrahiert. Man trocknet die vereinigten organischen Phasen über Natriumsulfat und zieht das Lösungsmittel am Rotationsverdampfer ab. Der verbleibende dunkelrote Rückstand wird zweimal aus 125 ml n-Pentan/Essigester (2:3) umkristallisiert.

Ausbeute: 9.5 g ≙ 31.3 % d. Th.
Schmp.: 152-154 °C
IR (KBr): 3289 cm^{-1} (NH)
1655 cm^{-1} (CO, Amid I)
1555 cm^{-1} (CO, Amid II)
^{1}H-NMR (d$_6$-DMSO): δ (ppm) 7.88 (s, 1H, CO-N$\underline{H}$)
7.68-7.13 (m, 5H, C$_6\underline{H}_5$)
5.56 (s, 1H, C$\underline{H}$Cl)
2.20-1.25 (m, 15H, Adamantanprotonen)

$C_{18}H_{22}ClNO$ (303.43)
Ber.: C 71.19   H 7.25   N 4.62
Gef.: C 70.87   H 7.36   N 4.88

2.2 Darstellung von 2-Chlor-3-methyl-buttersäure--N-(1-adamantyl)-amid 3

In einem 500 ml Dreihalskolben mit Rührer, Rückflußkühler mit Trockenrohr und Tropftrichter werden 20.5 g (100 mmol) Isobutyliden-1-aminoadamantan, 44.9 g (400 mmol) Kalium--tert.-butylat und 400 ml Hexan abs. unter Stickstoff vorgelegt und im Eisbad gekühlt. Unter gutem Rühren tropft man in 2 h 32 ml (400 mmol) Chloroform unter Stickstoff zu. Es wird 16 h bei Raumtemperatur gerührt; der Reaktionsansatz wird mit 300 ml Ether abs. in einen 1 l Kolben über-

führt und zur Trockne eingedampft. Man kocht den Rückstand
3 h mit Ether abs. mi Extraktor aus, trocknet die etherische
Lösung über Natriumsulfat und zieht das Lösungsmittel ab.
Der Rückstand wird zweimal aus Essigester umkristallisiert.
Ausbeute: 13.0 g ≙ 51.9 % d. Th.
Schmp.:   140-141 °C
IR (CHCl$_3$):   3424 cm^{-1} (NH)
               1672 cm^{-1} (CO, Amid I)
               1526 cm^{-1} (CO, Amid II)
^{1}H-NMR (CDCl$_3$):   δ (ppm)   6.62-6.30 (s, 1H, CO-N$\underline{H}$)
                                  4.15 (d, J=5 Hz; 1H, C$\underline{H}$Cl)
                                  2.78-2.27 (m, 1H, C$\underline{H}$(CH$_3$)$_2$)
                                  2.27-1.47 (m, 15H, Adamantanpro-
                                             tonen)
                                  1.05 (d, J=5 Hz; 3H, C$\underline{H}_3$)
                                  0.93 (d, J=5 Hz; 3H, C$\underline{H}_3$)
C$_{15}$H$_{24}$ClNO   (269.8)
           Ber.:   C 66.77   H 8.96   N 5.19
           Gef.:   C 66.30   H 9.03   N 5.27

3.   Darstellung von 2-Aminocarbonsäure-N-(1-adamantyl)-
     -amiden

3.1 Allgemeine Vorschrift zur Darstellung von 2-Phthal-
     imidocarbonsäure-N-(1-adamantyl)-amiden

Zu einer Lösung von 15.1 g (100 mmol) 1-Aminoadamantan und
10.2 g (100 mmol) Triethylamin in 150 ml Methylenchlorid
wird unter Rühren und Eiskühlung eine Lösung von 100 mmol
des rohen Säurechlorids in 150 ml Chloroform getropft.
Man läßt den Ansatz auf Raumtemperatur kommen und wäscht
im Scheidetrichter mit jeweils 150 ml Wasser, 1 N HCl,

5 %iger Natriumhydrogencarbonatlösung, Wasser und gesättigter Natriumchloridlösung. Die organische Phase wird über Natriumsulfat getrocknet und eingedampft. Der Rückstand wird aus einem geeigneten Lösungsmittel umkristallisiert.

3.1.1 Darstellung von Phthalimidoessigsäure-N-(1-adamantyl)--amid 4

Gemäß der allgemeinen Vorschrift werden 22.4 g (100 mmol) rohes Phthalimidoacetylchlorid zur Reaktion gebracht und aufgearbeitet. Das Rohprodukt wird aus 350 ml Dioxan umkristallisiert und bei 100 °C in der Trockenpistole bis zur Gewichtskonstanz getrocknet.

Ausbeute: 24.9 g ≙ 73.6 % d. Th.
Schmp.: 236 °C (Lit.27: 238-239 °C)
IR (KBr): 3289 cm^{-1} (NH)
1770 cm^{-1} (CO)
1715 cm^{-1} (CO)
1660 cm^{-1} (CO, Amid I)
1547 cm^{-1} (CO, Amid II)

^{1}H-NMR (CDCl$_3$): δ(ppm)   8.00-7.55 (m, 4H, C$_6$H$_4$)
5.70-5.38 (s, 1H, CO-NH)
4.28 (s, 2H, CH$_2$-CO)
2.22-1.48 (m, 15H, Adamantanprotonen)

C$_{20}$H$_{22}$N$_2$O$_3$ (338.4)
Ber.:   C 70.98   H 6.55   N 8.28
Gef.:   C 71.22   H 6.68   N 8.29

3.1.2 Darstellung von 2-Phthalimidopropionsäure-N-(1-adamantyl)-amid 5

Nach der allgemeinen Vorschrift werden 23.8 g (100 mmol) rohes 2-Phthalimidopropionsäurechlorid umgesetzt und aufgearbeitet. Das Rohprodukt wird aus 230 ml Ethanol umkristallisiert und bei 80 °C in der Trockenpistole bis zur Gewichtskonstanz getrocknet.

Ausbeute: 25.7 g ≙ 72.9 % d. Th.
Schmp.: 172-174 °C
IR (CHCl$_3$): 3424 cm^{-1} (NH)
1779 cm^{-1} (CO)
1709 cm^{-1} (CO)
1680 cm^{-1} (CO, Amid I)
1512 cm^{-1} (CO, Amid II)

^{1}H-NMR (CDCl$_3$): δ(ppm) 8.03-7.60 (m, 4H, C$_6$H$_4$)
5.95-5.65 (s, 1H, CO-NH)
4.85 (q, J=7 Hz; 1H, CH-CH$_3$)
2.32-1.47 (m, 15H, Adamantanprotonen)
1.67 (d, J=7 Hz; 3H, CH-CH$_3$)

C$_{21}$H$_{24}$N$_2$O$_3$ (352.42)
Ber.: C 71.56 H 6.86 N 7.95
Gef.: C 71.88 H 7.05 N 7.56

3.1.3 Darstellung von 2-Phthalimido-3-phenyl-propionsäure-N-(1-adamantyl)-amid 6

Gemäß der allgemeinen Vorschrift werden 31.4 g (100 mmol) rohes 2-Phthalimido-3-phenyl-propionsäurechlorid zur Reaktion gebracht und aufgearbeitet. Das Rohprodukt wird aus 770 ml Ethanol umkristallisiert und bei 80 °C in der Trockenpistole getrocknet.

Ausbeute: 30.6 g ≙ 71.5 % d. Th.
Schmp.:   200-201 °C (vgl. Lit. 30)
IR (CHCl$_3$):   3390 cm^{-1} (NH)
               3322 cm^{-1} (NH)
               1776 cm^{-1} (CO)
               1709 cm^{-1} (CO)
               1675 cm^{-1} (CO, Amid I)
               1510 cm^{-1} (CO, Amid II)
^{1}H-NMR (CDCl$_3$):   δ (ppm)   7.93-7.52 (m, 4H, C$_6$H$_4$)
                                  7.18 (s, 5H, C$_6$H$_5$)
                                  5.95-5.65 (s, 1H, CO-NH)
                                  5.03 (dd, J=9 Hz, J=7 Hz;
                                        1H, CH-CO)
                                  3.53 (d, J=7 Hz; 1H, Benzyl-)
                                  3.50 (d, J=9 Hz; 1H, Protonen)
                                  2.25-1.42 (m, 15H, Adamantanpro-
                                        tonen)

C$_{27}$H$_{28}$N$_2$O$_3$ (428.5)
          Ber.:   C 75.67   H 6.58   N 6.54
          Gef.:   C 75.78   H 6.45   N 6.59

3.2 Allgemeine Vorschrift zur Darstellung von 2-Amino-carbonsäure-N-(1-adamantyl)-amiden

In einem 1 l Dreihalskolben mit Rührer und Rückflußkühler werden 100 mmol des 2-Phthalimidocarbonsäure-N-(1-adamantyl)-amids mit 45 ml Hydrazinhydrat und 1000 ml Ethanol 90 min zum Rückfluß erhitzt. Nach kurzer Zeit beginnt die Ausfällung des Phthalsäurehydrazids. Das Reaktionsgemisch wird am Rotationsverdampfer zur Trockne eingedampft, der Rückstand in 1500 ml Chloroform aufgeschlämmt und 15 min gut gerührt. Man saugt vom Ungelösten ab und wäscht das

Filtrat zweimal mit Wasser und einmal mit gesättigter Natriumchloridlösung. Nach dem Trocknen über Natriumsulfat wird das Chloroform abgezogen und der Rückstand aus einem geeigneten Lösungsmittel umkristallisiert.

3.2.1 Darstellung von Aminoessigsäure-N-(1-adamantyl)-amid 7

Nach der allgemeinen Vorschrift werden 33.8 g (100 mmol) Phthalimidoessigsäure-N-(1-adamantyl)-amid 4 zur Reaktion gebracht und aufgearbeitet. Der Rückstand wird aus 70 ml Essigester umkristallisiert.

Ausbeute: 17.8 g ≙ 85.5 % d. Th.

Schmp.: 128 °C (Lit.27: 131-133 °C)

IR (CHCl$_3$): 3401 cm^{-1} (NH)
3300 cm^{-1} (NH)
1653 cm^{-1} (CO, Amid I)
1526 cm^{-1} (CO, Amid II)

^{1}H-NMR (CDCl$_3$): δ(ppm) 7.22-6.85 (s, 1H, CO-N$\underline{H}$)
3.20 (s. 2H, C$\underline{H}_2$-CO)
2.30-1.57 (m, 15H, Adamantanprotonen)
1.50 (s, 2H, N$\underline{H}_2$)

$C_{12}H_{20}N_2O$ (208.3)
Ber.: C 69.19 H 9.68 N 13.45
Gef.: C 69.37 H 9.77 N 13.54

3.2.2 Darstellung von 2-Aminopropionsäure-N-(1-adamantyl)- -amid 8

Nach der allgemeinen Vorschrift werden 35.2 g (100 mmol) 2-Phthalimidopropionsäure-N-(1-adamantyl)-amid 5 umgesetzt und aufgearbeitet. Das Produkt wird aus 20 ml Acetonitril umkristallisiert.

Ausbeute: 18.5 g ≙ 83.3 % d. Th.
Schmp.: 104-105 °C
IR (CHCl$_3$): 3322 cm^{-1} (NH)
1655 cm^{-1} (CO, Amid I)
1517 cm^{-1} (CO, Amid II)
^{1}H-NMR (CDCl$_3$): δ(ppm) 7.20-6.77 (s, 1H, CO-N$\underline{H}$)
3.35 (q, J=7 Hz; 1H, C$\underline{H}$-CH$_3$)
2.22-1.55 (m, 15H, Adamantanprotonen)
1.47 (s, 2H, N$\underline{H}_2$)
1.28 (d, J=7 Hz; 3H, CH-C$\underline{H}_3$)

C$_{13}$H$_{22}$N$_2$O (222.33)
Ber.: C 70.22 H 9.98 N 12.68
Gef.: C 70.19 H 9.79 N 12.86

3.2.3 Darstellung von 2-Amino-3-phenyl-propionsäure- -N-(1-adamantyl)-amid 9

Nach der allgemeinen Vorschrift werden 42.9 g (100 mmol) 2-Phthalimido-3-phenyl-propionsäure-N-(1-adamantyl)-amid 6 zur Reaktion gebracht und aufgearbeitet. Das Rohprodukt wird aus 40 ml Acetonitril umkristallisiert.

Ausbeute: 26.1 g ≙ 87.5 % d. Th.
Schmp.: 104-109 °C (vgl. Lit. 30)

IR (CHCl$_3$): 3322 cm^{-1} (NH)
1652 cm^{-1} (CO, Amid I)
1517 cm^{-1} (CO, Amid II)

^{1}H-NMR (CDCl$_3$): δ (ppm) 7.27 (s, 5H, C$_6$H$_5$)
7.05-6.78 (s, 1H, CO-NH)
(CH-CH$_2$) ABX-System:
δ_X = 3.44 J_{AB} = 13.5 Hz
δ_B = 3.17 J_{AX} = 9.0 Hz
δ_A = 2.70 J_{BX} = 4.5 Hz
2.25-1.48 (m, 15H, Adamantanprotonen)
1.32 (s, 2H, NH$_2$)

C$_{19}$H$_{26}$N$_2$O   (298.42)
Ber.:   C 76.47   H 8.78   N 9.39
Gef.:   C 76.52   H 9.16   N 9.10

3.3 **Darstellung von 2-Acetamino-propionsäure-N-(1-adamantyl)-amid 10**

Zu einer Lösung von 22.2 g (100 mmol) 2-Amino-propionsäure-N-(1-adamantyl)-amid 8 und 10.2 g (100 mmol) Triethylamin in 250 ml Methylenchlorid wird unter Rühren und Eiskühlung eine Lösung von 7.9 g (100 mmol) Acetylchlorid in 100 ml Methylenchlorid getropft. Man läßt auf Raumtemperatur kommen und arbeitet wie in 3.1) beschrieben auf. Der Rückstand wird aus 400 ml Acetonitril umkristallisiert.
Ausbeute: 22.2 g ≙ 84.1 % d. Th.
Schmp.:   195 °C
IR (CHCl$_3$): 3413 cm^{-1} (NH)
3289 cm^{-1} (NH)
1677 cm^{-1} (CO, Amid I)
1644 cm^{-1} (CO, Amid I)

	1547 cm^{-1}	(CO, Amid II)
	1512 cm^{-1}	(CO, Amid II)

^{1}H-NMR (CDCl$_3$): δ (ppm)
      7.21 (d, J=7 Hz; 1H, CH$_3$CO--N<u>H</u>)
      6.75 (s, 1H, CO-N<u>H</u>-Adamantan)
      4.75 (quin, J=7 Hz; 1H, C<u>H</u>-CH$_3$)
      2.27-1.47 (m, 15H, Adamantanprotonen)
      2.00 (s, 3H, C<u>H</u>$_3$-CO)
      1.30 (d, J=7 Hz; 3H, CH-C<u>H</u>$_3$)

C$_{15}$H$_{24}$N$_2$O$_2$ (264.36)
    Ber.: C 68.14   H 9.15   N 10.60
    Gef.: C 68.34   H 9.30   N 10.89

4. **Allgemeine Vorschrift zur Darstellung von 2-Bromcarbonsäure-N-(1-adamantyl)-amiden**

In einem 250 ml Kolben wird eine Lösung von 15.1 g (100 mmol) 1-Aminoadamantan und 10.2 g (100 mmol) Triethylamin in 100 ml Methylenchlorid vorgelegt und auf 0 °C gekühlt. Unter gutem Rühren wird eine Lösung von 100 mmol des 2-Bromcarbonsäurechlorids in 50 ml Methylenchlorid zugetropft. Man läßt auf Raumtemperatur kommen und rührt eine Stunde nach. Die organische Phase wird mit jeweils 200 ml Wasser, 1 N HCl, 5 %iger Natriumhydrogencarbonatlösung, Wasser und gesättigter Natriumchloridlösung gewaschen und über Natriumsulfat getrocknet. Nach Abziehen des Lösungsmittels kristallisiert man den Rückstand aus einem geeigneten Lösungsmittel um.

4.1 Darstellung von 2-Methyl-2-brompropionsäure--N-(1-adamantyl)-amid 11

Nach der allgemeinen Vorschrift werden 18.6 g (100 mmol) 2-Methyl-2-brompropionsäurechlorid zur Reaktion gebracht und aufgearbeitet. Der Rückstand wird aus wenig Benzol/ n-Pentan (1:1) umkristallisiert.

Ausbeute: 21.1 g ≙ 70.6 % d. Th.
Schmp.: 119 °C
IR (CHCl$_3$): 3310 cm^{-1} (NH)
  1640 cm^{-1} (CO, Amid I)
  1500 cm^{-1} (CO, Amid II)
^{1}H-NMR (CDCl$_3$): δ (ppm) 6.57-6.23 (s, 1H, CO-N$\underline{H}$)
  1.91 (s, 6H, C$\underline{H}_3$)
  2.27-1.50 (m, 15H, Adamantanprotonen)

C$_{14}$H$_{22}$BrNO (300.2)
  Ber.: C 56.00 H 7.38 N 4.66
  Gef.: C 56.26 H 7.43 N 4.64

4.2 Darstellung von 3-Methyl-2-brombuttersäure--N-(1-adamantyl)-amid 12

Gemäß der allgemeinen Vorschrift werden 20.0 g (100 mmol) 3-Methyl-2-brombuttersäurechlorid umgesetzt und aufgearbeitet. Das Rohprodukt kristallisiert man aus wenig Benzol/ n-Pentan (1:1) um.

Ausbeute: 24.5 g ≙ 78.0 % d. Th.
Schmp.: 163 °C
IR (KBr): 3280 cm^{-1} (NH)
  1642 cm^{-1} (CO, Amid I)
  1543 cm^{-1} (CO, Amid II)

^{1}H-NMR (CDCl$_3$): δ (ppm) 6.50-5.92 (s, 1H, CO-N$\underline{H}$)
4.20 (d, J=5 Hz; 1H, C$\underline{H}$Br)
2.77-1.50 (m, 16H, Adamantanprotonen, C$\underline{H}$(CH$_3$)$_2$)
1.07 (d, J=5 Hz; 3H, C$\underline{H}_3$)
0.95 (d, J=5 Hz; 3H, C$\underline{H}_3$)

C$_{15}$H$_{24}$BrNO (314.3)
Ber.: C 57.32   H 7.70   N 4.46
Gef.: C 57.53   H 7.77   N 4.67

4.3 Darstellung von 4-Methyl-2-bromvaleriansäure--N-(1-adamantyl)-amid 13

Nach der allgemeinen Vorschrift werden 21.4 g (100 mmol) 4-Methyl-2-bromvaleriansäurechlorid zur Reaktion gebracht und aufgearbeitet. Der Rückstand wird aus wenig Benzol/n-Pentan (1:1) umkristallisiert.

Ausbeute: 16.5 g = 75.1 % d. Th.
Schmp.: 136 °C
IR (KBr): 3245 cm^{-1} (NH)
1640 cm^{-1} (CO, Amid I)
1545 cm^{-1} (CO, Amid II)

^{1}H-NMR (CDCl$_3$): δ (ppm) 6.10-5.90 (s, 1H, CO-N$\underline{H}$)
4.18 (t, J=6 Hz; 1H, C$\underline{H}$Br)
2.47-1.50 (m, 18H, Adamantanprotonen, C$\underline{H}_2$-C$\underline{H}$(CH$_3$)$_2$)
1.10-0.75 (m, 6H, C$\underline{H}_3$)

C$_{16}$H$_{26}$BrNO (328.2)
Ber.: C 58.53   H 7.98   N 4.27
Gef.: C 58.76   H 8.16   N 4.47

4.4 Darstellung von 3-Phenyl-2-brompropionsäure--N-(1-adamantyl)-amid 14

Nach der allgemeinen Vorschrift werden 24.8 g (100 mmol) 2-Phenyl-2-brompropionsäurechlorid zur Reaktion gebracht und aufgearbeitet. Das Rohprodukt wird aus wenig Benzol/n-Pentan umkristallisiert.

Ausbeute: 21.4 g ≙ 59.1 % d. Th.
Schmp.: 145 °C
IR (CHCl$_3$): 3367 cm^{-1} (NH)
1653 cm^{-1} (CO, Amid I)
1513 cm^{-1} (CO, Amid II)

^{1}H-NMR (CDCl$_3$): δ(ppm)   7.30 (s, 5H, C$_6$H$_5$)
6.10-5.72 (s, 1H, CO-NH)
(CHBr-CH$_2$) ABX-System:
δ_X = 4.35 J_{AB} = 14 Hz
δ_B = 3.50 J_{AX} = 7 Hz
δ_A = 3.26 J_{BX} = 6 Hz
2.25-1.50 (m, 15H, Adamantanprotonen)

C$_{19}$H$_{24}$BrNO   (362.3)
Ber.:   C 62.98   H 6.77   N 3.87
Gef.:   C 62.95   H 6.68   N 4.07

5. Darstellung von 1-(1-Adamantyl)-3.3-dimethylaziridinon 15

In einem 500 ml Dreihalskolben mit Rührer und Rückflußkühler werden 18.0 g (60 mmol) 2-Methyl-2-brompropionsäure--N-(1-adamantyl)-amid 11 und 8.4 g (75 mmol) Kalium-tert.--butylat in 300 ml Ether abs. 1 h unter gutem Rühren zum Rückfluß erhitzt. Nach dem Erkalten filtriert man von den anorganischen Salzen ab und wäscht diese mit wenig Ether nach. Das Filtrat wird bei 0 °C zur Trockne eingeengt, zur Abtrennung von unumgesetztem Ausgangsprodukt mit 50 ml eiskaltem n-Pentan kurz digeriert und erneut filtriert. Der Filterrückstand wird in ca. 100 ml Ether/n-Pentan (3:1) gelöst und kristallisiert über Nacht im Kühlschrank aus.

Ausbeute: 3.3 g ≙ 73.0 % d. Th. (bezogen auf 34 % Umsatz)
Schmp.: 113-114 °C
IR (CHCl$_3$): 1825 cm^{-1} (CO)
^{1}H-NMR (CDCl$_3$): δ (ppm) 2.25-1.58 (m, 15H, Adamantanprotonen)
1.47 (s, 6H, C$\underline{H}_3$)

$C_{14}H_{21}NO$ (219.3)
Ber.: C 76.64 H 9.65 N 6.38
Gef.: C 76.51 H 9.59 N 6.25

6. <u>Darstellung von Zimtsäure-N-(1-adamantyl)-amid 16</u>

In einem 250 ml Dreihalskolben mit Rührer und Rückflußkühler werden 7.25 g (20 mmol) 3-Phenyl-2-brompropionsäure-N--(1-adamantyl)-amid <u>14</u> mit 2.8 g (25 mmol) Kalium-tert.--butylat in 100 ml Ether abs. 1.5 h unter gutem Rühren zum Rückfluß erhitzt. Nach dem Abkühlen werden die anorganischen Salze abfiltriert und mit wenig Ether nachgewaschen. Das Filtrat wird bei 0 °C eingeengt, wobei ein zähes gelbes Öl zurückbleibt. Nach zweimaligem Auflösen in wenig Petrolether (80/100)/Benzol (4:1) und Auskristallisieren im Kühlschrank fällt das Produkt analysenrein an.

Ausbeute: 1.5 g ≙ 26.6 % d. Th.
Schmp.: 200-201 °C (Lit. 31 : 196-198 °C)

IR (CHCl$_3$): 3400 cm^{-1} (NH)
1655 cm^{-1} (CO, Amid I)
1613 cm^{-1} (C=C)
1505 cm^{-1} (CO, Amid II)

^{1}H-NMR (CDCl$_3$): δ (ppm) 7.60 (d, J=15.7 Hz; 1H, C$_6$H$_5$-C$\underline{H}$=CH)
7.67-7.13 (m, 5H, C$_6$$\underline{H}_5$)
6.37 (d, J=15.7 Hz; 1H, C$_6$H$_5$-CH=C$\underline{H}$)
5.67-5.30 (s, 1H, CO-N$\underline{H}$)
2.30-1.50 (m, 15H, Adamantanprotonen)

C$_{19}$H$_{23}$NO (281.4)
Ber.: C 81.10   H 8.24   N 4.98
Gef.: C 81.26   H 8.01   N 5.05

7. <u>Darstellung von Methacrylsäure-N-(1-adamantyl)-amid</u> <u>17</u>

In einem 500 ml Dreihalskolben mit Rührer und Rückflußkühler werden 18.0 g (60 mmol) 2-Methyl-2-brompropionsäure--N-(1-adamantyl)-amid <u>11</u> mit 10.0 g (89.2 mmol) Kalium--tert.-butylat in 300 ml Ether abs. 4 h unter gutem Rühren zum Rückfluß erhitzt. Nach dem Erkalten filtriert man die anorganischen Salze ab und wäscht sie mit wenig Ether nach. Das Filtrat wird bei 0 °C eingeengt. Der ölige Rückstand kristallisiert über Nacht im Kühlschrank aus. Man saugt die Kristalle ab und kristallisiert aus 15 ml Petrolether (80/100) um.

Ausbeute: 3.2 g ≙ 24.3 % d. Th.
Schmp.:   107 °C (Lit. 31 : 102-104 °C)

IR (CHCl$_3$):   3425 cm^{-1} (NH)
                 1655 cm^{-1} (CO, Amid I)
                 1615 cm^{-1} (C=C)
                 1503 cm^{-1} (CO, Amid II)

^{1}H-NMR (CDCl$_3$): δ (ppm)   5.60 (mc, 2H, C=C$\underline{H}_{trans}$, CO-N$\underline{H}$)
                                         5.25 (mc, 1H, C=C$\underline{H}_{cis}$)
                                         2.30-1.37 (m, 15H, Adamantanprotonen)
                                         1.93 (mc, 3H, C$\underline{H}_3$)

C$_{14}$H$_{21}$NO   (219.3)
          Ber.:   C 76.64   H 9.65   N 6.38
          Gef.:   C 76.68   H 9.82   N 6.38

8. Reaktionen des 1-(1-Adamantyl)-3.3-dimethylaziridinon 15

8.1 Darstellung von 2-Ethoxycarbonylmethylamino-2--methyl-propionsäure-N-(1-adamantyl)-amid 18

In einem 100 ml Kolben werden 1.0 g (4.5 mmol) 1-(1-Adamantyl)-3.3-dimethylaziridinon 15 und 0.4 g (3.8 mmol) frisch destillierter Aminoessigsäureethylester in 25 ml trockenem Methylenchlorid 24 h am Rückfluß erhitzt. Man zieht das Lösungsmittel ab und kristallisiert den Rückstand aus wenig Ether/n-Pentan (2:1) um.
Ausbeute: 0.95 g $\triangleq$ 76.0 % d. Th. (bezogen auf Aminoessigsäureethylester)

IR (CHCl$_3$):   3333 cm^{-1} (NH)
                 1724 cm^{-1} (CO, Ester)
                 1653 cm^{-1} (CO, Amid I)
                 1504 cm^{-1} (CO, Amid II)

^{1}H-NMR (CDCl$_3$): δ (ppm) 7.33-7.07 (s, 1H, CO-N$\underline{H}$)
4.27 (q, J=7 Hz; 2H, OC$\underline{H}_2$-CH$_3$)
3.37 (s, 2H, C$\underline{H}_2$-NH)
2.37-1.55 (m, 16H, Adamantanprotonen, CH$_2$-N$\underline{H}$)
1.28 (t, J=7 Hz; 3H, OCH$_2$-C$\underline{H}_3$)
1.28 (s, 6H, C$\underline{H}_3$)

C$_{18}$H$_{30}$N$_2$O$_3$ (322.4)
Ber.: C 67.04   H 9.37   N 8.69
Gef.: C 66.82   H 9.11   N 8.97

8.2 <u>Darstellung von 2-Benzylamino-2-methyl-propionsäure-
-N-(1-adamantyl)-amid 19</u>

In einem 100 ml Kolben werden 0.9 g (4.1 mmol) 1-(1-adaman-
tyl)-3.3-dimethylaziridinon <u>15</u> und 0.45 g (4.1 mmol) frisch
destilliertes Benzylamin in 25 ml trockenem Methylenchlorid
1 h zum Rückfluß erhitzt. Nach Abziehen des Lösungsmittels
kristallisiert das rohe Produkt aus. Es wird aus 10 ml
Ether/n-Pentan (1:1) umkristallisiert.
Ausbeute: 0.7 g ≙ 52.3 % d. Th.
Schmp.: 105-106 °C
IR (CHCl$_3$): 3333 cm^{-1} (NH)
1655 cm^{-1} (CO, Amid I)
1503 cm^{-1} (CO, Amid II)
^{1}H-NMR (CDCl$_3$): δ (ppm) 7.47-7.10 (m, 5H, C$_6$$\underline{H}_5$)
3.67 (s, 2H, C$\underline{H}_2$-NH)
2.28-1.52 (m, 15H, Adamantanprotonen)
1.85 (s, 1H, CH$_2$-N$\underline{H}$)
1.35 (s, 6H, C$\underline{H}_3$)

$C_{21}H_{30}N_2O$ (326.5)
    Ber.:   C 77.26   H 9.26   N 8.58
    Gef.:   C 77.25   H 9.27   N 8.80

9. Darstellung und Reaktionen von N.N'-Di-(1-adamantyl)-ethylendiamin

9.1 Darstellung von Glyoxal-N.N'-di-(1-adamantyl)-imin 20

In einem 250 ml Kolben mit Magnetrührer werden 15.1 g (100 mmol) 1-Aminoadamantan in 150 ml Ethanol gelöst. Man fügt 8 ml (51 mmol) einer 37 %igen Glyoxal-Lösung zu und rührt 24 h bei Raumtemperatur. Man kühlt den Kolben im Eisbad und rührt weitere 15 min. Der Niederschlag wird abgesaugt und aus 175 ml Essigester umkristallisiert.

Ausbeute: 11.8 g ≙ 72.7 % d. Th.
Schmp.:   248-249 °C
IR (KBr):   1623 cm^{-1} (C=N)
^{1}H-NMR (CCl$_4$): δ (ppm)   7.77 (s, 2H, C$\underline{H}$=N)
                                           2.33-1.52 (m, 30H, Adamantanprotonen)

$C_{22}H_{32}N_2$ (324.5)
    Ber.:   C 81.42   H 9.94   N 8.63
    Gef.:   C 81.65   H 9.88   N 8.51

9.2 Darstellung von N.N'-Di-(1-adamantyl)-ethylen--diamin 21

In einem 500 ml Dreihalskolben mit Rührer und Rückflußkühler werden 16.25 g (50 mmol) Glyoxal-N.N'-di-(1-adamantyl)--imin 20 in 170 ml Ethanol suspendiert. Unter gutem Rühren gibt man in 15 min 7.6 g (200 mmol) Natriumborhydrid portionsweise zu, wobei sich der Kolbeninhalt erwärmt. Nach beendeter Zugabe erhitzt man 4 h unter Rühren zum Rückfluß. Man kühlt ab, tropft 67 ml 6 N Natronlauge zu und fügt anschließend 250 ml Wasser zu. Der Ansatz wird 15 min im Eisbad gerührt, der Niederschlag abgesaugt, mit Wasser gründlich gewaschen und gut trockengepreßt. Man kocht den Filterrückstand in 240 ml Dioxan auf, filtriert die heiße Lösung und erhitzt das Filtrat erneut. Es wird langsam soviel Wasser zugefügt, bis in der Siedehitze gerade eine bleibende Trübung entsteht. Das beim Erkalten auskristallisierende Produkt wird abgesaugt und über Nacht bei 60 °C getrocknet.

Ausbeute: 14.0 g ≙ 85.2 % d. Th.
Schmp.: 109-110 °C
IR (KBr): 3378 cm^{-1} (NH)
3226 cm^{-1} (NH)
^{1}H-NMR (CCl$_4$): δ(ppm) 2.63 (s, 4H, C$\underline{H}_2$-C$\underline{H}_2$)
2.23-1.47 (m, 30H, Adamantanprotonen)
1.37 (s, 2H, N$\underline{H}$)

$C_{22}H_{36}N_2$ (328.5)
Ber.: C 80.42 H 11.05 N 8.52
Gef.: C 79.42 H 11.22 N 8.43

9.3 Darstellung von 1.3-Di-(1-adamantyl)-imidazolidin 22

In einem 250 ml Kolben werden 11.7 g (35.6 mmol) N.N'-Di--(1-adamantyl)-ethylendiamin 21 und 3 ml (36.9 mmol) einer 37 %igen Formaldehyd-Lösung in 100 ml Methanol 1 h zum Rückfluß erhitzt. Das beim Erkalten auskristallisierende Produkt wird abgesaugt und 3 h bei 60 °C getrocknet.

Ausbeute: 9.75 g ≙ 80.5 % d. Th.
Schmp.: 178-179 °C
IR (CHCl$_3$): 1369 cm^{-1} Adamantangerüst-
1355 cm^{-1} schwingungen

^{1}H-NMR (CDCl$_3$): δ(ppm) 3.67 (s, 2H, CH$_2$)
2.83 (s, 4H, CH$_2$-CH$_2$)
2.27-1.47 (m, 30H, Adamantanprotonen)

C$_{23}$H$_{36}$N$_2$ (340.5)
Ber.: C 81.11   H 10.65   N 8.23
Gef.: C 80.93   H 10.49   N 8.29

9.4 Darstellung von 1.3-Di-(1-adamantyl)-2-acetyl--imidazolidin 23

In einem 250 ml Kolben werden 10.0 g (30.44 mmol) N.N'-Di--(1-adamantyl)-ethylendiamin 21 und 4.4 ml (30.5 mmol) einer 50 %igen Methylglyoxal-Lösung in 100 ml Methanol 7 h zum Rückfluß erhitzt. Das Produkt kristallisiert beim Erkalten langsam aus, wird abgesaugt und 3 h bei 60 °C getrocknet.

Ausbeute: 2.0 g ≙ 17.1 % d. Th.
Schmp.: 162-163 °C
IR (KBr): 1709 cm^{-1} (CO)

^{1}H-NMR (CDCl$_3$): δ (ppm) 4.20 (s, 1H, C$\underline{H}$-CO)
3.00 (s, 4H, C$\underline{H}_2$-C$\underline{H}_2$)
2.28-1.42 (m, 30H, Adamantanpro-
tonen)
2.18 (s, 3H, CO-C$\underline{H}_3$)

C$_{25}$H$_{38}$N$_2$O (382.6)
  Ber.: C 78.48   H 10.01   N 7.32
  Gef.: C 78.29   H 10.16   N 7.23

9.5   Darstellung von 1.3-Di-(1-adamantyl)-2-benzoyl-
      -imidazolidin 24

In einem 250 ml Kolben werden 10.0 g (30.44 mmol) N.N'-Di-
-(1-adamantyl)-ethylendiamin 21 und 4.65 g (31 mmol) Phenyl-
glyoxalhydrat in 75 ml Methanol 16 h bei Raumtemperatur
und 3 h bei Rückflußtemperatur gerührt. Man läßt abkühlen,
zuletzt im Eisbad, saugt den Niederschlag ab und trocknet
3 h bei 60 °C.
Ausbeute: 3.9 g ≙ 28.8 % d. Th.
Schmp.:   129-131 °C
IR (CHCl$_3$): 1667 cm^{-1} (CO)
^{1}H-NMR (CDCl$_3$): δ (ppm)   8.42-7.22 (m, 5H, C$_6$$\underline{H}_5$)
4.78 (s, 1H, C$\underline{H}$-CO)
2.98 (s, 4H, C$\underline{H}_2$-C$\underline{H}_2$)
2.27-1.37 (m, 30H, Adamantanpro-
tonen)

C$_{30}$H$_{40}$N$_2$O   (444.6)
  Ber.: C 81.03   H 9.07   N 6.30
  Gef.: C 80.95   H 9.36   N 6.15

9.6 Darstellung von N.N'-Di-(1-adamantyl)-ethylen-diamin-N.N'-diessigsäure-diethylester 25

In einem 250 ml Kolben mit Magnetrührer und Rückflußkühler werden 10.0 g (30.44 mmol) N.N'-Di-(1-adamantyl)-ethylendiamin 21, 8.4 g (60.8 mmol) Kaliumcarbonat und 10.2 g (61 mmol) Bromessigsäureethylester in 150 ml Acetonitril 16 h unter Rühren zum Rückfluß erhitzt. Man zieht die flüchtigen Betsandteile am Rotationsverdampfer ab, nimmt den Rückstand in 200 ml Chloroform und 100 ml Wasser auf und schüttelt gut durch. Die organische Phase wird abgetrennt, die wäßrige Phase mit 50 ml Chloroform extrahiert und die vereinigten organischen Phasen mit 100 ml Wasser gewaschen. Nach dem Trocknen über Natriumsulfat zieht man das Lösungsmittel ab. Der ölige Rückstand kristallisiert nach kurzer Zeit durch und wird aus 120 ml Methanol umkristallisiert.

Ausbeute: 11.5 g ≙ 75.4 % d. Th.
Schmp.: 102-104 °C
IR (CHCl$_3$): 1730 cm^{-1} (CO)
^{1}H-NMR (CDCl$_3$): δ(ppm) 4.15 (q, J=7 Hz; 4H, OC$\underline{H}_2$CH$_3$)
3.38 (s, 4H, C$\underline{H}_2$-CO$_2$)
2.70 (s, 4H, C$\underline{H}_2$-C$\underline{H}_2$)
2.27-1.47 (m, 30H, Adamantanprotonen)
1.27 (t, J=7 Hz; 6H, OCH$_2$C$\underline{H}_3$)

C$_{30}$H$_{48}$N$_2$O$_4$ (500.7)
Ber.: C 71.95   H 9.66   N 5.60
Gef.: C 71.87   H 9.45   N 5.56

9.7　Darstellung von N.N'-Di-(1-adamantyl)-N.N'-di-cyan-
methyl-ethylendiamin 26

In einem 250 ml Kolben werden 10.0 g (30.44 mmol) N.N'-Di-
-(1-adamantyl)-ethylendiamin 21 und 3.5 g (61.4 mmol)
Hydroxyacetonitril in 125 ml Benzol 16 h am Wasserabscheider zum Rückfluß erhitzt. Man zieht das Lösungsmittel ab
und kristallisiert den Rückstand aus 85 ml Essigester um.
Ausbeute:　9.9 g ≙ 80.0 % d. Th.
Schmp.:　147-148 °C
IR (KBr):　2222 cm^{-1}　(CN)
^{1}H-NMR (CDCl$_3$):　δ(ppm)　3.70 (s, 4H, C$\underline{H}_2$-CN)
　　　　　　　　　　　　　　2.77 (s, 4H, C$\underline{H}_2$-C$\underline{H}_2$)
　　　　　　　　　　　2.33-1.43 (m, 30H, Adamantanpro-
　　　　　　　　　　　　　　　　　　tonen)

C$_{26}$H$_{38}$N$_4$　(406.6)
　　　Ber.:　C 76.79　H 9.42　N 13.78
　　　Gef.:　C 76.55　H 9.21　N 13.73

10.　Darstellung von N-Acetyl-(1-adamantylamino)-acetal-
dehyddiethylacetal 29

10.1　Darstellung von 2.2-Diethoxyacetaldehyd-N-(1-adaman-
tyl)-imin 27

In einem 250 ml Kolben werden 16.7 g (110.6 mmol) 1-Amino-
adamantan und 14.6 g (110.6 mmol) 2.2-Diethoxyacetaldehyd
in 125 ml Benzol 4 h am Wasserabscheider zum Rückfluß erhitzt. Nach Abziehen des Lösungsmittels verbleibt ein gelbes Öl, das im Vakuum destilliert wird.

Ausbeute: 13.0 g ≙ 44.3 % d. Th.
Sdp.:   103-107 °C/0.18 Torr
IR (CHCl$_3$):   1669 cm^{-1} (C=N)
^{1}H-NMR (CDCl$_3$):   δ (ppm)   7.40 (d, J=5 Hz; 1H, C$\underline{H}$=N)
4.75 (d, J=5 Hz; 1H, C$\underline{H}$(OC$_2$H$_5$)$_2$)
3.90-3.30 (m, 4H, OC$\underline{H}_2$CH$_3$)
2.30-1.47 (m, 15H, Adamantanprotonen)
1.20 (t, J=7 Hz; 6H, OCH$_2$C$\underline{H}_3$)

C$_{16}$H$_{27}$NO$_2$ (265.4)
Ber.:   C 72.41   H 10.26   N 5.28
Gef.:   C 72.24   H 10.29   N 5.03

10.2   Darstellung von (1-Adamantylamino)-acetaldehyddiethylacetal 28

In einem 1 l Dreihalskolben mit Rührer und Rückflußkühler werden 12.2 g (46 mmol) 2.2-Diethoxyacetaldehyd-N-(1-adamantyl)-imin 27 in 125 ml Ethanol gelöst. Man gibt in 15 min 3.8 g (100 mmol) Natriumborhydrid portionsweise zu und erhitzt 4 h unter Rühren zum Rückfluß. Nach dem Abkühlen werden 38 ml 6 N Natronlauge und 750 ml Wasser zugefügt. Man überführt in einen Scheidetrichter, fügt weitere 500 ml Wasser zu und extrahiert mit jeweils 150 ml Ether dreimal. Die etherische Lösung wird mit Wasser gewaschen und über Kaliumcarbonat getrocknet. Das nach Abziehen des Lösungsmittels bleibende Öl wird im Vakuum destilliert.
Ausbeute: 7.1 g ≙ 57.7 % d. Th.
Sdp.:   102-105 °C/0.25 Torr
IR (CHCl$_3$):   3289 cm^{-1} (NH)

^{1}H-NMR (CDCl$_3$): δ (ppm)   4.55 (t, J=6 Hz; 1H, C$\underline{H}$(OC$_2$H$_5$)$_2$)
3.90-3.31 (m, 4H, OC$\underline{H}_2$CH$_3$)
2.70 (d, J=6 Hz; 2H, C$\underline{H}_2$)
2.23-1.43 (m, 15H, Adamantanprotonen)
1.20 (t, J=7 Hz, 7H, OCH$_2$C$\underline{H}_3$, N$\underline{H}$)

C$_{16}$H$_{29}$NO$_2$ (267.4)

Ber.:   C 71.86   H 10.93   N 5.24
Gef.:   C 71.97   H 11.16   N 5.59

10.3 Darstellung von N-Acetyl-(1-adamantylamino)-acetaldehyddiethylacetal 29

In einem 250 ml Kolben werden 6.45 g (24.1 mmol) (1-Adamantylamino)-acetaldehyddiethylacetal 28 und 2.5 g (24.5 mmol) Acetanhydrid in 100 ml Tetrahydrofuran 16 h bei Raumtemperatur und 7 h bei Rückflußtemperatur gerührt. Nach dem Eindampfen bleibt ein Öl, das im Vakuum destilliert wird.

Ausbeute: 3.1 g ≙ 41.5 % d. Th.
Sdp.: 120-138 °C/0.15 Torr
IR (CHCl$_3$): 1636 cm^{-1} (CO, Amid)
^{1}H-NMR (CDCl$_3$): δ (ppm)   4.55 (t, J=6 Hz; 1H C$\underline{H}$(OC$_2$H$_5$)$_2$)
3.97-3.33 (m, 4H, OC$\underline{H}_2$CH$_3$)
2.71 (d, J=6 Hz; 2H, C$\underline{H}_2$)
2.35-1.50 (m, 15H, Adamantanprotonen)
2.18 (s, 3H, CO-C$\underline{H}_3$)
1.23 (t, J=7 Hz; 6H, OCH$_2$C$\underline{H}_3$)

$C_{18}H_{31}NO_3$ (309.4)
          Ber.:   C 69.86   H 10.09   N 4.52
          Gef.:   C 70.99   H 10.56   N 4.38

11. Darstellung und Reaktionen von N-(1-Adamantyl)-ethylendiamin 30

11.1 Darstellung von N-(1-Adamantyl)-ethylendiamin 30

In einem 1 l Dreihalskolben mit Rührer und Rückflußkühler mit Trockenrohr suspendiert man 8.0 g (210.5 mmol) Lithiumaluminiumhydrid in 600 ml Tetrahydrofuran abs. und erhitzt zum Rückfluß. Zu der heißen gerührten Suspension werden 18.8 g (90.2 mmol) (1-Adamantylamino)-essigsäureamid 32 durch eine Pulvermühle derart zugegeben, daß das Lösungsmittel leicht siedet. Man spült mit 100 ml Tetrahydrofuran abs. nach und erhitzt den Ansatz 67 h unter Rühren zum Rückfluß. Danach fügt man unter Eiskühlung vorsichtig 8 ml Wasser, 8 ml 15 %ige Natronlauge und 24 ml Wasser zu. Man rührt eine halbe Stunde, saugt die anorganischen Salze ab und extrahiert sie mit Ether in einer Soxhlet-Apparatur. Die vereinigten organischen Phasen werden über Kaliumcarbonat getrocknet. Das nach Abziehen des Lösungsmittels verbleibende Öl wird zweimal im Vakuum destilliert.

Ausbeute: 6.3 g ≙ 35.9 % d. Th.
Sdp.: 83-87 °C/0.05 Torr
IR (CHCl$_3$): 3246 cm^{-1} (NH)
^{1}H-NMR (CDCl$_3$): δ (ppm) 2.85-2.57 (m, 4H, C$\underline{H}_2$-C$\underline{H}_2$)
                               2.27-1.30 (m, 15H, Adamantanprotonen)
                               1.15 (s, 3H, N$\underline{H}_2$, N$\underline{H}$)

$C_{12}H_{22}N_2$ (194.3)
Ber.: C 74.16   H 11.41   N 14.42
Gef.: C 73.97   H 11.24   N 14.28

11.2 Darstellung von (1-Adamantylamino)-essigsäure-methylester 31

In einem 500 ml Kolben mit Magnetrührer und Rückflußkühler werden 15.1 g (100 mmol) 1-Aminoadamantan, 15.3 g (100 mmol) Bromessigsäuremethylester und 13.8 g (100 mmol) Kaliumcarbonat in 300 ml Acetonitril 16 h unter Rühren zum Rückfluß erhitzt. Man zieht das Lösungsmittel ab und nimmt den Rückstand in 250 ml Chloroform und 100 ml Wasser auf. Man schüttelt gut durch, trennt die organische Phase ab und extrahiert die wäßrige Phase mit 50 ml Chloroform. Die vereinigten organischen Phasen werden mit Wasser gewaschen und über Kaliumcarbonat getrocknet. Man zieht das Lösungsmittel ab und destilliert das verbleibende Öl im Vakuum.

Ausbeute: 10.7 g ≙ 48.0 % d. Th.
Sdp.: 94-114 °C/0.1 Torr
IR (kap.): 3330 cm^{-1} (NH)
           1740 cm^{-1} (CO)
^{1}H-NMR (CDCl$_3$): δ(ppm)   3.75 (s, 3H, CO$_2$C$\underline{H}_3$)
                              3.45 (s, 2H, C$\underline{H}_2$)
                              2.30-1.27 (m, 15H, Adamantanprotonen)
                              1.47 (s, 1H, N$\underline{H}$)

$C_{13}H_{21}NO$ (223.3)
Ber.: C 69.92   H 9.48   N 6.27
Gef.: C 69.74   H 9.47   N 6.15

11.3 Darstellung von (1-Adamantylamino)-essigsäure-amid 32

In einem 500 ml Kolben mit Magnetrührer werden 22.3 g (100 mmol) (1-Adamantylamino)-essigsäuremethylester 31 und 75 ml Ammoniak konz. in 50 ml Dioxan gelöst. Man verschließt den Kolben gut und rührt den Ansatz 64 h bei Raumtemperatur. Man fügt 300 ml Wasser zu und extrahiert zweimal mit je 300 ml Chloroform. Die organischen Phasen werden dreimal mit je 100 ml Wasser gründlich gewaschen und über Kaliumcarbonat getrocknet. Man befreit vom Lösungsmittel, kocht den Rückstand in 450 ml Acetonitril auf und filtriert heiß.

Ausbeute: 8.95 g ≙ 42.9 % d. Th.
Schmp.: 160-163 °C
IR (KBr): 3225 cm^{-1} (NH)
1667 cm^{-1} (CO)
^{1}H-NMR (CDCl$_3$): δ (ppm) 7.55-5.67 (bs, 2H, CO-N$\underline{H}_2$)
3.30 (s, 2H, C$\underline{H}_2$)
2.26-1.26 (m, 16H, Adamantanprotonen, N$\underline{H}$)

$C_{12}H_{20}N_2O$ (208.3)
Ber.: C 69.19   H 9.68   N 13.45
Gef.: C 69.36   H 9.61   N 13.26

11.4 Darstellung von N-(1-Adamantyl)-N'-(2-adamantyl)--ethylendiamin 33

In einem 250 ml Kolben werden 4.3 g (22.16 mmol) N-(1-adamantyl)-ethylendiamin 30 und 3.35 g (22.33 mmol) 2-Adamantanon in 125 ml Benzol 4 h am Wasserabscheider zum Rückfluß erhitzt. Nach Abziehen des Lösungsmittels bleiben 7.0 g (96.5 % d. Th.) Substanz, die mit 75 ml Ethanol in einen 500 ml Dreihalskolben mit Rührer und Rückflußkühler überführt werden. Man fügt portionsweise 1.7 g (44,7 mmol) Natriumborhydrid zu und erhitzt 4 h unter Rühren zum Rückfluß. Es werden 15 ml 6 N Natronlauge und 350 ml Wasser zugetropft. Man rührt 30 min im Eisbad, saugt den Niederschlag ab, wäscht gründlich mit Wasser und preßt trocken. Der Filterkuchen wird aus 55 ml Methanol/Wasser (10:1) umkristallisiert.

Ausbeute: 4.45 g ≙ 61.1 % d. Th.
Schmp.: 109-111 °C
IR (CHCl$_3$): 3278 cm^{-1} (NH)
^{1}H-NMR (CDCl$_3$): δ(ppm) 2.70 (s, 4H, C$\underline{H}_2$-C$\underline{H}_2$)
2.23-1.43 (s, 30H, Adamantanprotonen)
1.25 (s, 2H, N$\underline{H}$)

$C_{22}H_{36}N_2$ (328.5)
Ber.: C 80.52 H 11.05 N 8.52
Gef.: C 80.61 H 11.20 N 8.42

11.5 Darstellung von 1-(1-Adamantyl)-3-(2-adamantyl)-imidazolidin 34

In einem 250 ml Kolben werden 4.3 g (13.1 mmol) N-(1-Adamantyl)-N'-(2-adamantyl)-ethylendiamin 33 und 1.1 ml (13.6 mmol) 37 %ige Formaldehyd-Lösung in 100 ml Methanol 2 h zum Rückfluß erhitzt. Man befreit vom Lösungsmittel und kristallisiert den Rückstand aus 25 ml Essigester um.

Ausbeute: 3.7 g ≙ 83.0 % d. Th.
Schmp.: 163-164 °C
IR (KBr): 1342 cm^{-1} Adamantangerüst-
1356 cm^{-1} schwingungen
^{1}H-NMR (CDCl$_3$): δ(ppm) 3.50 (s, 2H, C$\underline{H}_2$)

3.05-2.50 (mc, 4H, C$\underline{H}_2$-C$\underline{H}_2$)
2.40-1.42 (m, 30H, Adamantanprotonen)

$C_{23}H_{36}N_2$ (340.5)

	C	H	N
Ber.:	81.11	10.65	8.23
Gef.:	81.04	10.73	8.09

12. Darstellung und Reaktionen von N.N'-Di-(1-adamantyl)-propylen-1.3-diamin 35

12.1 Darstellung von N.N'-Di-(1-adamantyl)-propylen--1.3-diamin 35

In einem 250 ml Kolben werden 15.1 g (100 mmol) 1-Aminoadamantan in 75 ml Benzol vorgelegt. Unter Rühren tropft man eine Lösung von 2.8 g (50 mmol) Acrolein in 50 ml Benzol in 15 min zu und erhitzt nach beendeter Zugabe 4 h zum Rückfluß. Nach Abziehen des Lösungsmittels bleiben 16.7 g (98.2 % d. Th.) gelbes Öl, das mit 200 ml Ethanol in einen 1 l Dreihalskolben mit Rührer und Rückflußkühler überführt wird. Man fügt in 15 min 3.75 g (98.7 mmol) Natriumborhydrid portionsweise zu und erhitzt 4 h unter Rühren zum Rückfluß. Man hydrolysiert mit 33 ml 6 N Natronlauge, fügt 500 ml Wasser zu und rührt weitere 15 min. Der Niederschlag wird abgesaugt, mit Wasser gewaschen und trockengepreßt. Man kocht den Filterkuchen in 50 ml Essigester auf, filtriert heiß und trocknet nach dem Absaugen das Produkt über Nacht bei 60 °C.

Ausbeute: 8.45 g ≙ 49.4 % d. Th.
Schmp.: 85-86 °C
IR (KBr): 3378 cm^{-1} (NH)
3246 cm^{-1} (NH)

^{1}H-NMR (CDCl$_3$): δ (ppm) 2.63 (t, J=7 Hz; 4H, NH-C$\underline{H}_2$)
2.27-1.40 (m, 34H, Adamantanprotonen, N$\underline{H}$, NH-CH$_2$-C$\underline{H}_2$)

C$_{23}$H$_{38}$N$_2$ (342.5)

Ber.: C 80.64 H 11.18 N 8.18
Gef.: C 80.38 H 11.00 N 8.04

12.2 Darstellung von 1.3-Di-(1-adamantyl)-hexahydropyrimidin 36

In einem 250 ml Kolben werden 8.6 g (25.1 mmol) N.N'-Di--(1-adamantyl)-propylen-1.3-diamin 35 und 2.1 ml (26 mmol) einer 37 %igen Formaldehyd-Lösung in 200 ml Methanol 1.5 h zum Rückfluß erhitzt. Das beim Erkalten auskristallisierende Produkt wird abgesaugt und 3 h bei 60 °C getrocknet.

Ausbeute: 7.05 g ≙ 79.2 % d. Th.
Schmp.: 167-168 °C
IR (KBr): 1355 cm^{-1} Adamantangerüst-
1342 cm^{-1} schwingungen

^{1}H-NMR (CDCl$_3$): δ (ppm) 3.53 (s, 2H, CH$_2$)
2.65 (t, J=6 Hz; 4H, N-C$\underline{H}_2$)
2.23-1.43 (m, 32H, Adamantanprotonen, N-CH$_2$-C$\underline{H}_2$)

C$_{24}$H$_{38}$N$_2$ (354.6)

Ber.: C 81.29 H 10.80 N 7.90
Gef.: C 81.38 H 10.70 N 7.76

12.3 Darstellung von N.N'-Di-(1-adamantyl)-N.N'-di-cyanmethyl-propylen-1.3-diamin 37

In einem 250 ml Kolben werden 10.0 g (29.2 mmol) N.N'-Di-(1-adamantyl)-propylen-1.3-diamin 35 und 3.35 g (58.7 mmol) Hydroxyacetonitril in 150 ml Benzol 16 h am Wasserabscheider erhitzt. Nach Abziehen des Lösungsmittels bleibt ein Öl, das langsam durchkristallisiert und aus 25 ml Essigester umkristallisiert wird.

Ausbeute: 8.35 g ≙ 68.0 % d. Th.
Schmp.: 113-114 °C
IR (KBr): 2222 cm^{-1} (CN)
^{1}H-NMR (CDCl$_3$): δ (ppm) 3.63 (s, 4H, C$\underline{H}_2$-CN)
2.72 (t, J=7 Hz; 4H, N-C$\underline{H}_2$)
2.28-1.45 (m, 32H, Adamantanprotonen, N-CH$_2$-C$\underline{H}_2$)

$C_{27}H_{40}N_4$ (420.6)
Ber.: C 77.09 H 9.59 N 13.32
Gef.: C 76.86 H 9.56 N 13.53

13. Darstellung und Reaktionen von N-(1-Adamantyl)-propylen-1.3-diamin 39

13.1 Darstellung von 3-(1-Adamantylamino)-propionitril 38

In einem 250 ml Kolben mit Magnetrührer und Rückflußkühler werden 20.0 g (132.5 mmol) 1-Aminoadamantan in 200 ml frisch destilliertem Acrylnitril unter Zusatz von 2 ml Wasser 16 h unter Rühren zum Rückfluß erhitzt. Nach Abdestillieren des Acrylnitrils, das wiederverwendet werden kann, bleibt ein Öl, das vollständig durchkristallisiert.

Das Rohprodukt kann ohne weitere Reinigung in die anschließende Reduktion eingesetzt werden; zur spektroskopischen und microanalytischen Untersuchung wird eine kleine Probe aus n-Hexan umkristallisiert.

Ausbeute (Rohprodukt): 26.9 g ≙ 99.5 % d. Th.
Schmp.: 44-45 °C
IR (CHCl$_3$): 3311 cm^{-1} (NH)
2252 cm^{-1} (CN)
^{1}H-NMR (CDCl$_3$): δ(ppm) 3.10-2.27 (mc, 4H, C$\underline{H}_2$-C$\underline{H}_2$)
2.27-1.50 (m, 15H, Adamantanprotonen)
1.33 (s, 1H, N$\underline{H}$)

$C_{13}H_{20}N_2$ (204.3)
Ber.: C 76.42 H 9.86 N 13.71
Gef.: C 76.64 H 9.99 N 13.67

Daraus wie in 10.3) beschrieben das N-Acetyl-3-(1-adamantyl)-propionitril:

Schmp.: 179-181 °C (aus Methanol)
IR (KBr): 2237 cm^{-1} (CN)
1631 cm^{-1} (CO)
^{1}H-NMR (CDCl$_3$): δ(ppm) 3.72 (t, J=7 Hz; 2H, C$\underline{H}_2$)
2.57 (t, J=7 Hz; 2H, C$\underline{H}_2$)
2.33-1.57 (m, 15H, Adamantanprotonen)
2.22 (s, 3H, CO-C$\underline{H}_3$)

$C_{14}H_{22}N_2O$ (234.3)
Ber.: C 71.75 H 9.46 N 11.96
Gef.: C 71.61 H 9.48 N 12.00

13.2 Darstellung von N-(1-Adamantyl)-propylen-1.3--diamin 39

In einem 1 l Dreihalskolben mit Rührer und Rückflußkühler mit Trockenrohr werden 4.9 g (128.9 mmol) Lithiumaluminiumhydrid in 300 ml Ether abs. suspendiert. Man tropft eine Lösung von 26.1 g (127.7 mmol) 3-(1-Adamantylamino)-propionitril 38 in 250 ml Ether abs. derart zu, daß das Lösungsmittel leicht siedet. Es wird 3 h unter Rühren zum Sieden erhitzt und 16 h bei Raumtemperatur nachgerührt. Unter gutem Rühren und Eiskühlung tropft man vorsichtig 4.9 ml Wasser, 4.9 ml 15 %ige Natronlauge und 14.7 ml Wasser zu. Man rührt weitere 30 min, filtriert die anorganischen Salze ab und wäscht diese gründlich mit Ether nach. Das Filtrat wird am Rotationsverdampfer eingeengt und das verbleibende Öl im Vakuum destilliert.

Ausbeute: 17.5 g ≙ 65.7 % d. Th.
Sdp.: 95-98 °C/0.2 Torr
IR (CHCl$_3$): 3355 cm^{-1} (NH)
3247 cm^{-1} (NH)

^{1}H-NMR (CDCl$_3$): δ (ppm)
2.95 (t, J=7 Hz; 2H, NH-CH$_2$)
2.67 (t, J=7 Hz; 2H, CH$_2$-NH$_2$)
2.23-1.43 (m, 17H, Adamantanprotonen, NH-CH$_2$-CH$_2$)
1.33 (s, 3H, NH, NH$_2$)

C$_{13}$H$_{24}$N$_2$ (208.3)
Ber.:   C 74.94   H 11.61   N 13.45
Gef.:   C 74.92   H 11.82   N 13.23

13.3 Darstellung von 1-(1-Adamantyl)-hexahydropyrimidin 40

In einem 250 ml Kolben werden 11.2 g (53.8 mmol) N-(1-Adamantyl)-propylen-1.3-diamin **39** und 4.4 ml (54.2 mmol) einer 37 %igen Formaldehyd-Lösung in 150 ml Methanol 4 h unter Rühren zum Rückfluß erhitzt. Man dampft ein und destilliert das verbleibende Öl im Vakuum.

Ausbeute: 4.9 g ≙ 41.3 % d. Th.
Sdp.: 112-116 °C/0.15 Torr
IR (CHCl$_3$): 3268 cm^{-1} (NH)
^{1}H-NMR (CDCl$_3$): δ (ppm)
    3.63 (s, 2H, N-C$\underline{H}_2$-N)
    2.73 (t, J=7 Hz; 2H, N-C$\underline{H}_2$)
    2.63 (t, J=7 Hz; 2H, N-C$\underline{H}_2$)
    2.22-1.43 (m, 17H, Adamantanprotonen, N-CH$_2$-C$\underline{H}_2$)
    1.20 (s; 1H, N$\underline{H}$)

C$_{14}$H$_{24}$N$_2$ (220.3)
Ber.: C 76.30   H 10.98   N 12.72
Gef.: C 76.06   H 10.80   N 12.58

13.4 Darstellung von N-(3-Phthalimido-propyl)-1-aminoadamantan 41

In einem 250 ml Kolben mit Magnetrührer werden 7.3 g (35 mmol) N-(1-Adamantyl)-propylen-1.3-diamin **39** und 5.2 g (35.1 mmol) Phtalsäureanhydrid in 150 ml Pyridin zusammengegeben. Es fällt sofort ein weißer Niederschlag aus, der beim Erhitzen wieder in Lösung geht. Man erhitzt 6 h unter Rühren zum Rückfluß und dampft am Rotationsverdampfer ein. Es bleibt ein Öl, das mit einem Tropfen Methanol zur Kristallisation gebracht und in 50 ml Isopropanol aufgekocht wird. Man filtriert heiß, saugt das auskristallisierte

Produkt ab und trocknet scharf im Exsiccator.

Ausbeute: 9.8 g ≙ 82.6 % d. Th.

Schmp.: 105-108 °C

IR (CHCl$_3$): 1770 cm^{-1} (CO)
1709 cm^{-1} (CO)
1613 cm^{-1} (Aromat)

^{1}H-NMR (CDCl$_3$): δ (ppm) 8.02-7.55 (m, 4H, C$_6$H$_4$)
3.80 (t, J=7 Hz; 2H, CH$_2$-N)
2.60 (t, J=7 Hz; 2H, CH$_2$-NH)
2.23-1.35 (m, 18H, Adamantanprotonen, NH, N-CH$_2$-CH$_2$)

C$_{21}$H$_{26}$N$_2$O$_2$ (338.4)

Ber.:	C	74.52	H	7.74	N	8.28
Gef.:	C	72.09	H	7.94	N	8.30

13.5 Darstellung von N-(3-Phthalimido-propyl)-N-ethoxy-carbonylmethyl-1-aminoadamantan 42

In einem 250 ml Kolben werden 10.0 g (29.5 mmol) N-(3-Phthalimido-propyl)-1-aminoadamantan 41, 4.95 g (29.6 mmol) Bromessigsäureethylester und 2.6 g (30.9 mmol) Natriumhydrogencarbonat in 175 ml Acetonitril 16 h unter Rühren zum Rückfluß erhitzt. Man dampft ein und nimmt den Rückstand in 200 ml Chloroform und 100 ml Wasser auf. Man schüttelt gut durch, trennt die organische Phase ab und extrahiert die wäßrige Phase mit 50 ml Chloroform. Die vereinigten organischen Phasen werden mit 100 ml Wasser gewaschen, über Natriumsulfat getrocknet und vom Lösungsmittel befreit. Der Rückstand wird in 150 ml n-Pentan aufgekocht und heiß filtriert. Das Produkt kristallisiert aus der kalten Lösung langsam aus (ca. 3 Tage) und wird im Exsiccator getrocknet.

Ausbeute: 4.05 g ≙ 32.3 % d. Th.
Schmp.:   64-65 °C
IR (CHCl$_3$):   1739 cm^{-1} (CO, Ester)
           1709 cm^{-1} (CO)
^{1}H-NMR (CDCl$_3$):   δ (ppm)   8.00-7.53 (mc, 4H, C$_6$H$_4$)
                 4.17 (t, J=7 Hz; 2H, OCH$_2$CH$_3$)
                 3.75 (t, J=7 Hz; 2H, CH$_2$-N)
                 3.39 (s, 2H, CH$_2$-CO$_2$)
                 2.74 (t, J=7 Hz; 2H, CH$_2$-N-CO$_2$)
                 2.27-1.47 (m, 17H, Adamantanprotonen, N-CH$_2$-CH$_2$)
                 1.28 (t, J=7 Hz; 3H, OCH$_2$CH$_3$)

C$_{25}$H$_{32}$N$_2$O$_4$ (424.5)
       Ber.:   C 70.72   H 7.60   N 6.60
       Gef.:   C 70.78   H 7.47   N 6.54

13.6 Darstellung von N-(1-Adamantyl)-N'-(2-adamantyl)-propylen-1.3-diamin 43

In einem 250 ml Kolben werden 5.5 g (36.7 mmol) N-(1-Adamantyl)-propylen-1.3-diamin 39 und 7.65 g (36.7 mmol) 2-Adamantanon in 125 ml Benzol 6 h am Wasserabscheider zum Rückfluß erhitzt. Nach dem Eindampfen bleiben 12.3 g (98.4 % d. Th.) eines Öles, das mit 130 ml Ethanol in einen 1 l Dreihalskolben mit Rührer und Rückflußkühler überführt wird. Man fügt 2.8 g (73.7 mmol) Natriumborhydrid portionsweise zu und erhitzt 4 h unter Rühren zum Rückfluß. Nach dem Erkalten tropft man 25 ml 6 N Natronlauge, 750 ml Wasser zu und rührt weitere 30 min. Der Niederschlag wird abgesaugt, gründlich mit Wasser gewaschen und trockengepreßt. Zur Reinigung kristallisiert man aus 70 ml Essigester um und trocknet 16 h bei 60 °C.

Ausbeute: 9.1 g ≙ 73.5 % d. Th.
Schmp.:   115-117 °C
IR (KBr):   3298 cm^{-1} (NH)
            3215 cm^{-1} (NH)
^{1}H-NMR (CDCl$_3$):   δ(ppm)   2.70 (t, J=7 Hz; 4H, NH-C$\underline{H}_2$)
                                 2.28-1.47 (m, 34H, Adamantanprotonen, N$\underline{H}$, NH-CH$_2$-C$\underline{H}_2$)

C$_{23}$H$_{38}$N$_2$ (342.5)
            Ber.:   C 80.64   H 11.18   N 8.18
            Gef.:   C 80.68   H 11.14   N 8.22

13.7   Darstellung von 1-(1-Adamantyl)-3-(2-adamantyl)-
       -hexahydropyrimidin 44

In einem 250 ml Kolben werden 4.55 g (13.3 mmol) N-(1-Adamantyl)-N'-(2-adamantyl)-propylen-1.3-diamin 43 und 1.1 ml (13.6 mmol) einer 37 % igen Formaldehyd-Lösung in 150 ml Methanol 2 h zum Rückfluß erhitzt. Man dampft ein und kristallisiert den Rückstand aus 60 ml Essigester um.
Ausbeute: 3.65 g ≙ 77.5 % d. Th.
Schmp.:   151-152 °C
IR (KBr):   1356 cm^{-1} Adamantangerüst-
            1344 cm^{-1} schwingungen
^{1}H-NMR (CDCl$_3$):   δ (ppm)   3.40 (s, 2H, N-C$\underline{H}_2$-N)
                                  2.88-2.37 (m, 4H, N-C$\underline{H}_2$)
                                  2.37-1.37 (m, 32H, Adamantanprotonen, N-CH$_2$-C$\underline{H}_2$)

C$_{24}$H$_{38}$N$_2$ (354.5)
            Ber.:   C 81.29   H 10.80   N 7.90
            Gef.:   C 81.56   H 10.59   N 7.77

Literaturverzeichnis

1) J.W.Kroeger und J.A.Nieuwland, J.Amer.Chem.Soc. 58, 1862 (1936)

2) T.H.Vaughn et al., J.Amer.Chem.Soc. 56, 2120 (1934)

3) J.B.Shoesmith und A.Mackie, J.Chem.Soc. 1950, 573

4) Derbyshire und Waters, J.Chem.Soc., 1950, 573

5) Organic Reaktions II, Seite 295

6) C.S.Marvel und Mitarb., J.Amer.Chem.Soc. 66, 914-16 (1944)

7) R. Spiekermann, Dissertation TH Aachen 1977

8) H.Stetter, J. Weber, C. Wulff, Chem.Ber. 97, 3488 (1964)

9) Organikum, 12.Aufl., VEB Deutscher Verlag der Wiss. Berlin S. 285

10) F.D.Lewis et al., J.Amer.Chem.Soc. 96 (19) 6100-7 (1974)

11) W.L.Haas, J.Amer.Chem.Soc. 88, 1988 (1966)

12) H.Stetter, M.Schwarz, A.Hirschhorn, Chem.Ber. 92 129-35 (1959)

13) J.R. Geigy AG, Berg. 629 370 (1963) Chem.Abstr. 60 9167d (1964)

14) M. Paulshock, J.C.Watts, U.S. 3, 310, 469 (21.03.1967) Chem. Abstr. 67 11 275 (1967)

15) A. Kreutzberger, H. Schroeders, Tetrahedron Lett. 52 4523-6 (1970)

16) P.N.Rylander, D.S. Tarbell, J.Amer.Chem.Soc. 72, 3021 (1950)

17) H. Stetter, M. Krause, W.D. Last, Chem. Ber., 102, 3357-3363 (1969)

18) J.C.Jagt, A.M. van Leusen, Rec. Trav. Chim. Pays-Bas 92 (12), 1343-54 (1973)

19) N. Osamu, Chem.Pharm. Bull. 26 (5), 1576-85 (1978)

20) N. Takeshi, DBP 2,246,334 (5.4.73) Chem.Abstr. 78, 160 109 f (1973)

21) R.G.Hiskey, J.Org.Chem. 36, 488 (1971)

22) C.K. Cavallito, Rec.Try.Chim. Pays-Bas 73, 129 (1954)

23) E. Block, S.W.Weidman, J.Amer.Chem.Soc. 95 (15) 5046-8 (1973)

24) H.Barnes, D. Kundiger, S.M. McElvain, J.Amer.Chem.Soc. 62, 1281 (1940)

25) E.K. Fields, J.M.Sandri, Chem.Ind. (London) 1959, 1216

26) I.Lengyel, J.C.Sheehan, Angew.Chem. 80, 27 (1968)

27) P.E. Aldrich et al. J.Med.Chem. 14, 535 (1971)

28) V.Krumkalns, W. Pfeiffer, J.Med.Chem. 11, 103 (1968)

29) V. Naryanan (E.R. Squibb and Sons Inc.) Ger. Offen. 2 050 074 (Cl. C 07 d) 6.5.1971
(C.A. 75, p 35804 r (1971)

30) F. Sztaricskai et al. Pharmazie 30, 571 (1975)

31) D.L. Kevill, F.L. Weitl, J.Org.Chem. 35, 2526 (1970)

MIX
Papier aus verantwortungsvollen Quellen
Paper from responsible sources
FSC® C105338

If you have any concerns about our products,
you can contact us on
ProductSafety@springernature.com

In case Publisher is established outside the EU,
the EU authorized representative is:
**Springer Nature Customer Service Center GmbH
Europaplatz 3, 69115 Heidelberg, Germany**

Printed by Libri Plureos GmbH
in Hamburg, Germany